화학으로 읽는

플라스틱 연대기

화학으로 읽는
플라스틱 연대기

배진영·라병호 지음

자유아카데미

프롤로그

플라스틱의 역사는 1800년대 산업혁명 시기로 거슬러 올라간다. 자연에서 얻은 천연수지를 이용해 만들어진 셀룰로이드가 곧 플라스틱의 기원이라 할 수 있다. 이후 화학 반응에 의해서 부가가치가 높은 새로운 물질을 만드는 데 석유가 활용되면서, 제2차 세계대전 전후로 석유화학이라는 꽃이 만개하였다. 1933년에는 현재에도 가장 많이 소비되는 플라스틱인 폴리에틸렌이 발명된다. 플라스틱 소재는 천연자원은 보호하면서도 금속 및 세라믹과 선의의 경쟁을 펼치면서 점차 발전하였다. 현재에는 다양한 기능의 플라스틱들이 개발되어 우리 생활에 깊숙이 들어와 있다.

학문적으로는 유기화학의 작은 부분이었던 석유화학은 독립적인 학문으로 분리 및 발전되었으며, 석유화학 응용 제품의 3총사인 플라스틱, 섬유, 고무는 고분자(polymer)라는 새로운 재료학문 분야를 창출하였다. 하지만 일회용품 전성시대인 오늘날에 이르러서는 플라스틱의 편리성이 남용을 불러왔다. 플라스틱으로 인한 환경오염과 건강 위협 문제를 해결하지 않고는 인류의 지속성을 담보할 수 없는 수준에 이른 것이다. 그러나 우리가 누리는 현대의 모든 제품들이 플라스틱의 발전 덕분이라는 사실은 부정할 수 없고 아직까지 플라스틱을 대체할 소재를 찾기 어려운 시대에 우리는 살고 있다.

데이터나 정보라는 무형의 자산을 가공 활용하는 4차 산업의 시대에도 반도체, 디스플레이, 자동차 산업과 같은 제조업의 중요성은 여전히 굳건하며, 그 속에서 조용히 활용되는 플라스틱 재료의 필요성에 대해서는 일반인들이 자세히 알기는 쉽지 않다. 필자는 이 책을 통하여 간단한 화학의 역사부터 시작해 석유화학기술이 어떻게 발전해 왔는지, 그리고 석유화학이 낳은 플라스틱이 현대 사회의 다양한 산업에서 어떤 역할을 담당하고 있는지를 함께 알아봄으로써 전체 산업을 바라보는 시각도 독자들에게 전하고 싶다. 특히 화학이라는 도구를 가지고 과거를 추적하여 자연보호를 위해 시작되었던 '플라스틱의 숨어 있는 이야기'와 더불어 '플라스틱 기록의 역사'를 당시의 시대상에 맞게 이 책에 담았다. 이 책의 말미에는 '위드 플라스틱 시대'에 이르러 많은 화두가 되고 있는 환경호르몬, 폐플라스틱, 탄소중립 등에 관한 고찰을 가볍게 전하고자 한다. 끝으로 이 책의 집필에 도움을 주신 양영재단과 출간을 맡아준 자유아카데미에 감사의 말을 전한다.

차례

• 0부 •

플라스틱 연대기 개론

1

물건의 재료, 플라스틱

고대부터 물건의 발명은 절박한 필요에서 시작되었다. 신발은 발을 보호하기 위해서 지푸라기를 가죽끈으로 발에 묶는 형태로 시작했다. 과거의 수많은 발명가 덕분에 사소해 보이는 다양한 물건들이 세상을 바꿔왔고 지금 우리는 편리한 생활을 누리고 있다.

이러한 물건을 만들기 위해서는 재료가 있어야 한다. 초기 인류는 주된 재료를 자연에서 얻었다. 나무를 깎고, 흙을 구웠으며, 돌을 쪼개고 갈아 물건을 만들었다. 이후 불을 사용하여 금속을 가공한 청동기 및 철기 시대가 이어졌다.

더 좋은 재료에 대한 인간의 끊임없는 욕구는 가볍고 가죽처럼 질기며 단단하기까지 한 100% 인조 플라스틱 물질(베이클랜드의 '페놀 플라스틱')이 1907년에 드디어 만들어지며 어느정도 충족되었다. 이로부터 시작된 플라스틱은 나무, 코끼리 상아, 동물 가죽이나 깃털 등 각종 천연 물질을 빠르게 대체해 자연자원의 무분별한 남용을 억제해 왔다. 또한 플라스틱은 다양한 제품 디자이너들의 자유로운 형태와 기능 그리고 색체의 창출에 적합했고, 대량생산이 용이한 재료였으며, 최첨단 과학기술의 발전에 적합한 신소재였기에 처음 개발된 지 100여년만에 금속, 세라믹 재료와 함께 우리 삶에 깊숙이 스며들었다.

| 여기서 잠깐 | 플라스틱의 정의는?

플라스틱(plastic)은 고분자인 합성 수지를 원료로 만든 소재로, 조형이 가능하다는 의미의 고대 그리스어 플라스티코스(plastikos)가 그 어원이다. 즉, 열과 압력을 가하여 '성형하기 알맞은' 소재라는 것이다. 합성 수지는 '가소성' 물질(외력에 의해 형태가 변한 물체가 힘이 없어져도 돌아오지 않는 물질)이라 흐르며, 틀에 넣고 굳히면 완제품(몰딩)이 된다.

초창기의 플라스틱은 천연 플라스틱 기반이라 다양한 물건을 만들기에는 다소 제약이 있었다. 그러나 20세기 이후 등장한 100% 합성 플라스틱은 가볍고, 저렴하고, 부식 없는 내구성의 재료였고 어떤 형태로든지 만들 수 있다는 엄청난 장점 때문에 비용적인 면과 생산적인 면에서 제품 개발에 큰 변화를 가져왔다. 특히 2차 세계대전 후 인구의 급속한 증가로 인해 삶의 질이 보다 윤택해지기 시작하면서 소비자에 의해 요구되는 재화의 양도 급격히 증가했으며, 이에 따라 대량생산체제로 산업화가 변화되면서 플라스틱은 영화와 사진, 전기, 과학, 의학 등에 골고루 쓰이기 시작하였다. 만능 재료로 각광받게 된 셈이다. 현재는 필기구부터 주방용품, 운동용 도구 같은 생활용품에서, 전기전자, 수송기기, 우주항공, 3D 프린팅, 생체 재료 등 첨단 산업에 이르기까지 광범위하게 사용된다. 또한 플라스틱은 많은 위생용품용 소재로 사용돼 인류의 보건 수준을 획기적으로 향상시켰다. 지난 코로나19 시절에서 우리를 지켜준 마스크(PP부직포)나 검사 기구(라텍스 장갑), 주사기(PP 일회용 주사기) 모두 플라스틱으로 만든 물건이다.

플라스틱이 사용되는 다양한 산업. 왼쪽 위부터 시계방향으로 (1) 자동차, (2) 우주항공(플라스틱 사용량이 급증한 보잉 787 드림라이너), (3) 3D 프린터, (4) 의학산업(봉합사) (출처: (1)~(2) pixabay, (3) AlexandrinaZ / Shutterstock, (4) pixels)

I 여기서 잠깐 I 플라스틱 재료의 장점은?

금속 재료는 튼튼하고 열에 강하지만, 무겁다. 세라믹(도자기 점토 혹은 진흙)은 강하고 투명하지만(ex. 유리) 잘 부서진다. 반면 플라스틱은 무게가 가볍고(강철의 비중은 7.8, 황동 8.5, 알루미늄 2.7에 비하면 플라스틱은 평균적으로 1.2 정도에 불과해 매우 가볍다) 부드럽게도 만들 수 있다. 또한 여러 화학 약품을 견딜 수 있고 잘 녹슬지 않으며, 투명성 있는 제품을 만들기도 쉽고 착색이 자유롭다. 가공성도 좋아서 복잡한 구조를 가진 제품을 만들기 쉽고, 단열재로도 사용하기 좋다. 무엇보다 제조 비용이 매우 저렴하다.

예를 들면 성형하기 용이하고 착색이 잘 되는 ABS 수지와 폴리스타이렌(polystyrene)은 초기 가정용 소품이 발전하는 데 큰 기여한 플라스틱 재료 중의 하나였으며, 아크릴(acryl)은 가볍고 투명성이 높아 조명이나 유리창문의 대용으로 쓰이고 있다. 아크릴보다 더 견고하고 내구성이 좋은 폴리카보네이트(polycarbonate)는 강화유리의 대체재나 가구 재료로 널리 사용된다. 이처럼, 플라스틱 소재를 활용하여 재질과 특성이 다양한 제품들이 만들어지고 있다.

②

우리는 위드 플라스틱 시대에 살고 있다.

'나무의 지방'이란 뜻의 수지에는 자연이 만든 천연 수지와 인간이 만든 합성 수지가 있다. 1950년대 미국에서 합성 수지가 자동차 생산에 처음 투입되면서 '플라스틱'이란 명칭으로 사용되었고 일반인들에게는 이 단어가 더 친숙하다. 1907년, 레오 베이클랜드에 의해 개발된 최초의 합성 플라스틱인 페놀 수지는 1914년 총의 부속품과 군수 물품 등으로 1차 세계대전에서 활약하였고, 전쟁 후에는 목재로 된 라디오와 전화기를 대체하였다. 1920년대에는 미국의 제너럴일렉트릭과 웨스팅하우스가 일으킨 '부엌 혁명'으로 플라스틱으로 만들어진 반영구 가전제품(토스터, 커피포트, 전기냉장고, 식기세척기, 다리미 등)이 우리의 일상생활로 들어왔다.

1933년, 영국 ICI사에 의해서 상업화된 폴리에틸렌(PE) 수지는 2차 세계대전(1939~1945년) 중에는 레이더용 전자회로의 절연재와 같은 전략 물자로써 활약하였다. 전후에는 폭락한 유가와 대규모 생산으로 가격이 하락한 PE를 활용해, 스웨덴의 발명가인 스텐 구스타프 툴린이 1959년 처음으로 '비닐봉지(plastic bag)'를 고안하였다. 이전까지 잘 찢어지는 종이나 무거운 천 가방을 사용하던 것에 비해 비닐봉지는 포장의 역사에 있어서 혁명이었다. 당시에는 위생적이면서도 종이봉투와 같이 나무를 쓰지 않아 친환경적인 제품으로 인식되었고, 생산비용도 매당 1센트 정도로 매우 저렴했다. 이후 선진국을 중심으로 PE는 천연소재를 빠르게 대체하였고 이때 축적된 기술을 기반으로 제품별 시장이 점차 커졌으며 상업적 가치가 뛰어난 제품들을 중심으로 대부분 양산체제를 갖추게 되었다. 현대에서 '산업의 쌀'이라 불리는 PE는 당시에는 반경질 병의 재료로도 인기가 좋았지만, 특히 포장용 필름으로 각광받았으며 이때부터 본격적인 '비닐의 시대'와 '일회용품 전성시대'가 도래하였다.

한편, 패스트푸드로서는 세계 1위 기업인 맥도널드가 1954년 시카고에서 프랜차이즈 1호점을 연 이래로 시작된 패스트푸드와 테이크아웃 문화 역시 플라스틱 소재 기반의 일회용품 전성기를 더 강력하게 이끌었다. 또한 즉석 라면 등 인스턴트 식품 산업의 발전도 일회용 플라스틱 포장재의 확대에 일조하게 된다. 이들은 모두 '바쁜 세상'이라는 현대인의 라이프 스타일이 반영된 결과이다. 가볍고 투명하기도 하며 값싼 포장에는 플라스틱이 재료로서 주역일 수밖에 없었다. 조선의 마지막 왕 고종이 애호했던 이래로, 커피는 1999년 스타벅스 한국 상륙을 거쳐서 오늘날 한국 성인들은 1인당 1년에 353잔을 마시는 수준에 이르렀다. 아마 적지 않은 수의 사람들이 카페에서도, 테이크아웃으로도 일회용 플라스틱 컵을 사용할 텐데 이 또한 현대인의 라이프 스타일이 아닌가?

이제는 위드 코로나 시대이지만, 코로나19 팬데믹 시절에는 폴리프로필렌(PP)으로 만들어진 일회용 플라스틱 주사기를 통해 대다수의 인류가 백신을 맞았다. 전 국민이 PP(폴리프로필렌) 부직포 필터가 들어간 일회용 마스크를 사용하였고, 고급 식당에서도 일부러 페트병에 든 물을 마셨으며, 비대면의 여파로 플라스틱 배달용기를 하루가 멀다 하고 사용하였다. 사람들 사이의 거리 두기에 필요한 투명 가림막, 접촉을 막기 위한 비닐장갑도 역시 플라스틱이다. 한 번만 사용하고 버려지는 일회용 플라스틱의 사용이 증가했던 것이 코로나 팬데믹 시대의 유례없는 라이프 스타일이었다.

플라스틱은 현대 산업에서 없어서는 안되는 핵심 소재다. 가볍고 내구성 좋은데다 저렴하기 때문이다. 건축 현장에서도 창문 틀과 벽지, 배수관, 바닥재, 전선 피복 등에 널리 사용되고 있다. 플라스틱 페트병의 등장은 음료업계의 폭발적인 성장에 기여했고 플라스틱으로 만든 인공 합성 섬유인 나일론은 스타킹으로 상품화되며 초대박이 났다. 플라스틱은 비닐, 포장지 등 우리에게 익숙한 형태로 어디든 존재한다. 주로 일회용이어서 사용량이 더 많을 수밖에 없다. 전 세계 플라스틱 생산량은 2022년 기준 약 4억 톤이다. 플라스틱이 폐기되는 양도 생산량과 비례해 지속적으로 증가하고 있다. 플라스틱 폐기물 발생량은 2022년 3억 7,000만 톤에서 2060년 약 10억 1,000만 톤에 이를 것으로 전망된다. 이로 인한 환경 문제도 심각해지고 있고 글로벌 각국의 폐플라스틱 규제도 갈수록 강화되고 있다.

코에 빨대가 박혀서 괴로워하던 바다거북이의 영상 공개 이후로 플라스틱은 그야말로 환경을 파괴하는 악의 축으로 낙인 찍힌 것 같다. 하지만 안타깝게도 이제 우리는 플라스틱 없는 세상을 살 수는 없게 되었다. 플라스틱 없이는 자동차도 없으며, 반도체도 없고, IT도, 디지털도 없다. 플라스틱에 대한 무조건적인 배척보다는 '위드 플라스틱'의 시대를 인정할 차례이다.

• 1부 •

19세기까지:
수지와 석탄의 시대

3
플라스틱의 어머니, 수지

고대 인류는 흙과 물, 그리고 주변의 자연재료로 물건을 만들었다.

우리 선조는 고대부터 천연으로 존재하는 수목, 동물, 광물 등을 이용해 물건을 만들어왔다. 흙의 일종인 점토에 물을 조금 섞으면 힘을 가할 때 변형되고, 가했던 힘이 제거되어도 변형된 상태가 그대로 남아 있는 성질이 생긴다. 이를 활용해 고대인은 점토판을 만들었고 그 위에 글씨와 그림을 그렸다. 또한 점토를 이용해서 토기를 만들고 불에 구워 단단하게 만들어 사용하였다(기원전 수세기 존재했던 고대 토기 문명).

한편, 고대인은 동식물의 즙도 다양하게 이용했다. 나무의 수액, 나무껍질의 진액, 밀랍(꿀벌이 벌집을 만들기 위하여 분비하는 물질), 기타 동식물의 분비물/배설물 등 천연 수지를 다양하게 물건 만들기에 이용했다. 자연계에 존재하는 천연 수지들도 플라스틱의 일종이기에 이미 인류는 고대부터 다양한 형태의 플라스틱을 사용한 셈이다(고대로부터 보석으로 취급된 호박(琥珀), 신석기 시대부터 나무의 진액을 발랐던 토기, 성경에 등장하는 유향(乳香), 고대 그리스인들이 씹은 유향

수 나무에서 나오는 진액인 고무 등). 중세 시대에는 동물성 수지인 계란과 혈액 단백질 등이 물건의 원료로 쓰였으며, 동물의 뿔을 얇게 해 여러 모양으로 변형하여 사용하기도 했다. 뿔이 귀해지자 카세인 같은 우유 단백질을 잿물로 처리해 뿔과 유사한 재료를 만들기도 했다. 한편, 바다거북 껍데기로는 빗, 안경테, 보석함을, 코끼리 상아로는 피아노 건반, 당구공을 만들었다.

| 여기서 잠깐 | 천연 수지 vs 합성 수지

수지(樹脂, resin, 레진)는 '나무(樹)의 지방(脂)'을 의미하는 유기물이다. 대표적으로 소나무의 수액인 송진(rosin)과 고무나무의 수액인 라텍스(latex)가 있으며, 이들은 천연 수지에 해당한다. 우리나라의 많은 소나무는 껍질이 손상되면 액체인 송진을 분비하는데 기름 성분이라 불이 잘 붙는다. 천연 고무는 고무나무의 나무껍질에 상처를 낸 후, 흘러내리는 우유 빛깔의 라텍스를 받아 이를 공기 중에 굳혀서 만들어진다. 이밖에도 옻나무 진(漆), 캐슈 등이 있다. 합성 수지는 원유를 가열해 분리한 석유제품인 나프타를 원료로 만들어지는 인조 수지로 PE, PP, PVC, ABS 등이 있다.

중요한 식물성 수지, 라텍스

고무나무의 껍질에 흠을 낸 뒤 채취하여 얻어지는 젖빛의 액체를 라텍스라고 하며, 천연 고무는 라텍스에서 추출하는 가장 중요한 제품이다. 라텍스는 모든 속씨식물 중 10%가 가지고 있으며 수많은 종류가 있어 여러 물질을 만드는 데 가공될 수 있다. 기원전 1600년 즈음, 남미에서는 공, 밴드, 작은 조각상 등 제작에 천연 고무를 사용하였다는 기록도 있다. 여러 라텍스 중에 구타페르카 및 발라타 라텍스는 탄성이 있어 주로 공업용 천연 고무를 만드는 데 사용된다. 한편, 고대 마야인들은 사포딜라 나무에서 나오는 천연 고무인 치클을 씹었는데, 19세기 미국의 발명가인 토머스 애덤스는 공업용 고무로는 사용하기 어려웠던 치클에 여러 가지 맛을 첨가한 껌을 개발해서 '치클렛'이라는 이름으로 판매하여 크게 성공하였다. 특히, 산업용 적용이 우수했던 구타페르카(Gutta-percha)는 짙은 갈색을 띠는 색상으로 말레이시아 팔라퀴암(*Malaysia Palaquiam*) 나무에서 채취되었는데 1860년에 뜨거운 구타페

고무나무에서 얻어지는 천연 고무 라텍스

| 여기서 잠깐 | 구타페르카 라텍스는 무엇인가?

라텍스(latex, 라틴어로 '우유') 또는 유액(乳液)은 미세한 고무 입자가 물에 안정적으로 분산된 희고 걸쭉한 상태의 수액이다(고무 입자 40%, 수분 60%로 구성된다). 현대에는 에멀션이라고도 한다. 라텍스에 산을 가하면 응고되고 수세 후에 롤 등으로 얇게 늘려서 건조하면 생고무가 얻어진다. 현대에는 라텍스는 천연 라텍스 고무를 가리키기도 하며, 또 합성 고무 라텍스를 가리키기도 한다. 폴리아이소프렌(polyisoprene)은 아이소프렌이라는 작은 단위(= 단량체 또는 모노머)가 선형으로 반복되어 연결된 고분자 수지이며, 구타페르카 라텍스의 주 성분이다.

르카 재료를 틀에 넣어 주조하는 가공법이 완성되어 19세기 후반에는 정교한 액자, 잉크 스탠드, 보청기 등 다양한 물건이 만들어졌다. 구타페르카 고무는 절연성이 우수해서 1850년 최초의 해저케이블 제조에 쓰였으나, 수명이 짧고, 시간이 지나면 쉽게 끊어지고 갈라지는 단점이 있어서 훗날 합성고무로 대체되었다.

매우 중요한 동물성 수지, 셸락

셸락(shellac)은 인도, 태국, 미얀마 등지의 숲에 분포하는 암컷 락 깍지벌레(lac bug)가 나무에서 수액을 빨아먹고 분비하는 옅은 누런 색의 수지이다. 중세부터 이 수지를 알코올에 녹인 것을 바니시(액체 셸락)라고 했는데, 근대까지 이 바니시는 붓기, 칠하기 등의 방법으로 착색제, 식품 유약 냄새 차단제, 목재 마감재 등에 다양하게 사용되었다. 셸락은 초기 역사에서 래커 및 목재 제품 방부제로 사용되었는데 19세기에 오일과 왁스 마감재의 등장, 그리고 1920~1930년대에 나이트로셀룰로스 래커가 탄생하기 전까지 유럽 등 세계에서 가장 지배적인 목재 마감재였다.

한편 나무 가루와 셸락의 혼합물을 가열하여 틀에 넣어서 손거울과 같은 매우 세밀한 플라스틱 공예품 장식도 만들어졌다. 특히 19세기 말 그리고 20세기 초로 이어진 전기산업의 등장은, 우수한 전기 절연 특성과 습기를 막는 밀폐 능력을 지닌 셸락에 대한 엄청난 수요를 창출했다. 셸락은 비교적 무르고 쉽게 마모되었지만 축음기 레코드를 만들기에 적합한 소재로 선택되었고, 1877년 에디슨은 축음기를 발명하게 된다. 하지만 셸락은 산업용 재료로써 2가지 특성이 부족했다. 첫째, 이 재료는 약 75℃의 융점을 가진 열가소성 재료이기에 그리 높지 않은 온도에서도 부드럽게 되어 녹아버렸다. 둘째는, 벌레로부터 재료를 만드는 전통적인 방식의 낮은 생산 속도였다(100,000마리의 깍지벌레로 1킬로그램 생산). 결국 천연 수지 셸락은 1940년대 상업화된 PVC 합성 수지에 의해 대체된다. PVC로 만들어진 레코드판은 축음기의 저장 수명과 내구성을 올렸으며, 78 rpm 축음기 탄생과 1950년대의 비닐 LP 레코드 등장을 이끌었다. 이는 자연이 만든 천연 수지가 인간에 의해 서서히 대체되면서 다양한 합성 수지가 등장하게 되는, 이후 플라스틱 산업 양상의 중요한 예고편이 된다.

플라스틱, 자연에서 배우다.

플라스틱 산업 발전의 원동력은 플라스틱이라는 신소재의 다양한 용도와 신기함 때문만은 결코 아니었다. 동물의 뿔, 셸락, 라텍스 등 천연 수지가 감소했던 상황에서 플라스틱의 발명이 시작된 것이었으며, 특히 인구의 증가와 이에 따른 물건의 부족 현상을 타계하려는 노력에서 플라스틱 개발의 탄생 기원을 찾을 수 있다. 벨기에 출신의 미국 화학자 레오 베이클랜드(Leo Baekeland)는 당시 공급 부족이었던 천연 수지인 셸락을 대체할 합성물질 관련 실험을 하던 중, 칼 하인리히 메이어(Carl Heinrich Meyer)의 페놀 수지 연구 논문을 바탕으로 페놀과 폼알데하이드를 반응시켜 세계 최초의 합성 플라스틱을 개발하였다(1907년).

셸락으로 만들어진 초기의 축음기

4

중세 유럽의 연금술로 화학이 시작되다.

조물주는 지구에 많은 물질을 주었지만 인간을 골탕 먹이려 한 듯 여기저기에 흩어 뿌린 듯하다. 산소, 질소, 수소 등은 주로 중력에 의해 지구 대기권에 갇혀 있는 공기에, 철, 구리, 리튬 등의 금속 물질은 주로 지표면에 있는 암석 또는 바닷물에 존재한다. 플라스틱의 주 원료인 탄소 물질은 화석연료라고 불리는 석탄, 석유, 천연가스, 셰일 가스/오일 등에 들어가 있다. 지구상에 인류가 출현한 이후, 인간들은 신이 숨겨 놓은 물질들을 힘들게 찾아가면서 지구를 움직이는 거대한 힘을 이해하려 했다. 이러한 과정의 하나인 물질 탐구는 기원전부터 시작했고, 중세에 이르는 동안 나름대로 당시의 과학과 철학적인 시스템으로 구성되었다. 이 시스템의 근간에는 "세상의 모든 물질이 불, 공기, 물, 흙의 4가지 원소로 이루어졌다"라는 고대 그리스 아리스토텔레스의 '4원소설'이 자리잡고 있었다.

물질을 인지했던 인간은 금을 만들려고 도전했다.

'금을 만들어내는 기술'을 뜻하는 연금술은 고대 메소포타미아, 이집트, 페르시아, 인도, 중국 등에서 시작되어 중세까지 약 2,000여 년 동안 그 시도가 이어졌다. 이렇게 연금술을 행하는 사람들을 연금술사라고 불렀다. 겁 없던 중세의 연금술사들은 값싼 철, 납, 구리와 같은 금속으로부터 귀금속인 금을 만들 수 있다는 믿음이 있었다. 그들은 신이 지구에 선물로 준 특정 물질을 인간이 직접 만들겠다는 위대한 도전을 시작한 것이다.

결론적으로 금을 얻고자 하는 무모한 도전은 실패하였지만 오랜 세월 동안의 수많은 시행착오 끝에 금만큼이나 유용한 다양한 결실들을 얻을 수 있었다. 대표적인 것이 바로 현존하는 최고의 베스트셀러 케미칼(chemical, 화학 반응으로 만들어진 화학 물질)인 황산과 질산이다. 금을 만들겠다고 덤벼들었

| 여기서 잠깐 | 다이너마이트뿐만 아니라 최초의 인조 플라스틱 발명에 단초가 된 질산

중세의 연금술사들의 가장 큰 성과 중의 하나는 질산의 개발이다. 암모니아를 산화하여 만들어지는 질산은 글리세린(glycerin)과 반응하면 매우 불안정한 나이트로글리세린(nitroglycerin) 폭약이 만들어진다. 1866년 노벨은 나이트로글리세린을 규조토(diatomite)에 흡수시키면 충격에 비교적 안전하면서 폭발력은 그대로 유지된다는 사실을 밝혀냈고 다이너마이트를 발명하게 된다. 이러한 발견으로 노벨은 엄청난 부를 쌓았고 과학자로서의 명성도 얻었다. 하지만 노벨은 인류를 편리하게 하기 위해서 개발한 다이너마이트가 살상용 무기로 사용되자 큰 충격을 받았고 자신의 사후 전 재산으로 노벨상을 만들었다. 이후 우연한 기회에 나이트로글리세린이 협심증에 효과가 있다는 것이 밝혀지면서 나이트로글리세린은 재평가를 받게 되기도 했다.

한편, 질산이 글리세린과 화학 반응하여 나이트로글리세린이 만들어지는 것과 같은 방법으로, 질산이 셀룰로스라는 천연 수지와 반응하면 나이트로셀룰로스라는 반인조 수지가 만들어진다. 이는 훗날 최초의 인조 플라스틱인 셀룰로이드의 원료로 사용된다. 즉, "질산이 플라스틱의 창시를 이끌었다"라고 해도 과언이 아닐 정도로 질산은 화학공업에서 매우 중요하다.

던 연금술사들의 모든 행위는 실은 화학 반응(chemical reaction)이었다. 이후 연금술사의 후예인 근·현대의 화학자들 덕분에 인류는 현재의 풍요로운 화학 세상을 살고 있다.

화학자로 탈바꿈한 연금술사

아리스토텔레스의 4원소설이 기반이 되어 시작했던 중세의 연금술이었지만, 이는 산업혁명기에 발전하였던 근대 과학과 만나 화학, 금속학, 물리학, 약학 등의 학문으로 다변화되고 발전되었다. '물질의 본질(identity)을 제대로 꿰뚫으면 화학 반응으로 신물질을 만들 수 있다'는 것을 깨닫기 시작한 근대의 (유기)화학자들은 훗날 석탄 및 석유 속의 탄소를 원료로 하여 폴리올레핀이라는 플라스틱의 창시를 이끌게 된다.

5

1차 산업혁명과 석탄 시대의 개막

사람 또는 말이나 소가 할 수 없는 일을 이제 기계들이 할 수 있게 되었고, 그 기계를 움직이는 힘은 엔신에서 나오게 되었으며, 엔진이 필요로 했던 연료는 석탄이었다. 결국 석탄이 중요한 에너지원이 된 것이다.

석기 시대에서 출발한 인류의 역사는 청동기, 철기 시대를 지나 1차 산업혁명(1769~1850년)으로 인해 획기적인 역사의 전환기를 맞는다. 1769년 영국의 제임스 와트가 고체 화석연료인 석탄을 이용한 외연기관인 증기기관을 발명하여 방적업의 기계화를 가져온 것이 그 시작이었다. 이후 병행적으로 발달한 제철 기술로 인해 수공업은 기계화공업으로 전이되었고, 마침내 대량생산, 대량판매의 근대 사회 체제가 자리잡았다. 영국이 세계 최초의 산업국가가 된 것이다.

1차 산업혁명기는 역사적으로 기계문명 사회의 태동기이기도 했지만, 에너지적으로 획기적인 전환이 일어난 시기였다. 나무, 가축 분뇨 같은 유기물 에너지원은 화석연료인 석탄 에너지로 본격적으로 전환되었다. 당시 영국에서는 대부분의 숲들이 이미 벌목된 상태였기에 나무는 더 이상 쉽게 구할 수 없었다. 게다가 목재는 산소와 물의 함량이 높았기에, 80%까지 탄소를 함유한 석탄이 더 친환경적이며 효율이 높은 에너지원으로 평가되었다. 영국에 철강 산지와 석탄 산지가 이웃해 있었기 때문에 영국의 1차 산업혁명이 성공했다고 평가하는 역사학자들도 있다. 특히 수도 런던에 석탄 광산이 있어서 더욱 유리한 인프라 구축 여건을 갖추고 있었다. 따라서 제임스 와트의 증기기관은 대량생산을 가능하게 했고 여러 산업에도 적용되면서 영국을 세계의 공장(the workshop of the world)으로 만들었다. 이후 다른 유럽국가들은 새로운 탄광을 찾기 위해 과학자들을 독려했고, 현지 조사를 경쟁적으로 지원했으며, 탄광 수는 급증했고 본격적인 석탄 시대가 도래했다.

| 여기서 잠깐 | 화석연료란?

화석연료(化石燃料, fossil fuel)란 과거에 생존했던 다양한 생물들이, 사후 지각에 매장된 후 오랜 시간에 걸쳐 변성되어 연료로 사용 가능한 형태로 변화된 물질을 이르는 말이다. 그 범주에는 천연가스, 석탄, 석유 그리고 가장 늦게 편입된 셰일가스 등 다양하다. 이 모든 화석연료를 한마디로 표현하면 '탄소(carbon) 덩어리' 또는 '탄소 재료'라고 할 수 있다. 이중 천연가스와 셰일가스는 기상(기체)이라 부피를 줄이기 위한 압축이 필요하고, 석탄은 고상(고체)이라 분진이 날린다. 석유는 취급이 용이한 액상(액체)이고 탄소가 고밀도로 농축되어 있어 가장 효율적인 화석연료이다.

영국의 1차 산업혁명은 석탄이라는 하품 탄소재료를 연료로 하여 증기기관차의 발명으로 연결되었지만, 석유라는 상품 탄소재료는 에너지 재료라는 측면에서 자동차, 선박, 비행기의 발명으로 연결된다. 즉, 석유의 파급력은 대단하였고 다양한 제조업의 발전으로 이어진 셈이다. 천연가스(LNG)는 너무 단순한 탄소재료라 부가가치를 붙이기 어렵지만, 난방 등에 사용하기 용이하다. 지금에 와서는 LPG보다는 약간 더 친환경적이라는 평으로 인해 친환경 버스 등의 연료로도 사용된다.

독일, 석탄화학 산업에 매진하다

1차 산업혁명에서 영국에 뒤진 독일이었지만, 그 광활한 영토에 풍부히 매장된 석탄으로 인해 석탄을 기반으로 한 화학산업에 매진하게 된다. 결과적으로 독일에서는 석탄을 베이스로 하는 타르, 석탄산(페놀), 아세틸렌 등의 제조산업이 부흥하였고, 천연섬유의 화학 처리로 산·알칼리 공업 또한 현저하게 발전되었다. 뿐만 아니라 독일은 석탄으로부터 합성연료로 불리우는 휘발유도 만들었는데, 1925년 독일의 Franz Fischer와 Hans Tropsch는 석탄을 휘발유로 전환하는 전설적인 Fischer–Tropsch(피셔-트롭쉬) 공정을 개발하였다. 이 공정은 2차 세계대전 당시 독일이 비행기와 탱크의 연료를 생산하는 데 광범위하게 이용되었다. 1차 산업혁명 시기에서 20세기 초까지 주된 화석연료였던 석탄은 지금에서야 석유와 비교하여 하품으로 평가하기도 하지만, 당시에는 연료뿐만 아니라 화학소재의 원료로 매우 큰 역할을 하며 귀한 취급을 받았다. 페놀 플라스틱을 포함한 초창기의 다양한 플라스틱도 대부분 원료로 석탄을 사용했다. 그리 길지는 않았지만 석유 이전에 '석탄 패권'의 시절이었던 셈이다.

이렇게 유럽과 미국에서 에너지의 왕으로서 군림하던 석탄은 제1, 2차 세계대전을 거치면서 석유라는 새로운 에너지원에게 그 자리를 넘겨주게 된다. 마찬가지로 석탄화학도 훗날 석유화학으로 전환되게 된다.

6

1차 산업혁명기의 근대 화학: 유기화학이 시작되다.

세상의 모든 물질이 불, 공기, 물 그리고 흙의 4가지 원소로 이루어졌다는 아리스토텔레스의 '4원소설 물질 이론'이 바야흐로 산업혁명기의 근대 화학을 만나게 된다.

프랑스의 화학자 앙투안 라부아지에(1743~1794)는 「화학 원론 Traité élémentaire de chimie」을 집필하고 화학 혁명을 이끈 역사적인 연금술사로, 근대 화학의 아버지라고도 불린다. 그는 질량 보존의 법칙을 발견하는 등 여러 업적을 세웠는데, 그중 으뜸은 물질을 이루는 가장 기본 단위인 원소(element)를 명확히 정의하고 분류한 것이다. 원소를 '더 이상 분해되지 않는 물질'로 정의하고 33개의 원소를 4개의 그룹으로 분류한 라부아지에 덕분에 이를 테면 물(water, H_2O)이란 물질이 기본적인 구성 요소인 수소(H), 산소(O)의 2가지 원소로 이루어져 있다는 것을 알 수 있게 되었다.

18세기 말, 라부아지에가 확립한 원소의 개념과 기초적인 분류가 시작점이 되어 19세기에 들어와서는 점점 다양한 원소들이 추가적으로 발견된다. 1803년, 영국의 존 돌턴(1766~1844)은 새로운 화학 물질을 합성하는 데 기폭제가 된 이론인 '원자설'을 제창한다. "화합물은 두 종류 이상의 원자들이 간단한 정수비로 결합하여 만들어진다"라는 그의 가설은 원자의 다양한 조합으로 화합물 형태의 신 물질을 만들 수 있다는 확신을 화학자들에게 불어넣었다. 이에 화학자들은 다양한 신물질 만들기에 도전한다. 그리고 분자(molecule)를 원자 수준에서 결합·반응시켜 새로운 분자(또는 물질)를 만들어낸다.

1879년에는 러시아의 드미트리 멘델레예프(1834~1907)가 러시아 화학회에서 63종의 원소들을 원자량(원소의 질량)이 증가하는 순서대로 나열한 표를 발표한다. 이것이 바로 그 유명한 주기율표이다. 물론 처음 만든 표였기에 빈틈도 있어서 훗날에 교정이 되었지만 그는 원소가 어떤 함수의 결과라는 것을 밝혀냈으며, 특히 원소의 규칙을 보여주는 주기성(periodicity)은 화학자들에게 매우 큰 영향을 주었다. 화학 반응의 원리를 일부나마 깨우친 화학자들은 거침이 없었다. 원료로 쓸 수 있는 수많은 물질들을 찾아내고, 이를 결합하는 공식(조건)을 파악했다. 그렇게 무수히 많은 물질들이 새롭게 만들어진다. 드디어 인간들이 신의 영역이라 생각했던 신물질을 창조하게 된 것이다.

유기화학자들이 양산되다

19세기 이전까지 대다수의 화학자들은 유기물(organics)은 생체 활동으로 만들어진 물질로만 여겼고, 인위적으로는 합성할 수 없다고 판단했다. 하지만 1828년, 독일 화학자 프리드리히 뵐러는 처음으로 사이안산 암모늄을 가열하여 유기물질인 요소를 합성했다. 이후 유기화학자들이 대거 등장하고 유기화합물에 대한 집중적인 연구가 시작된다. 특히 유기화학에서 가장 중요한 구조로 일컬어지는, 벤젠 고리의 구조가 1865년 독일 본 대학교의 유기화학자 아우구스트 케쿨레(August Kékule)에 의해 밝혀지게 되었고, 이 벤젠고리 구조를 통해 톨루엔, 자일렌이라는 새로운 방향족 물질들 또한 합성되었다. 자일렌은 훗날 폴리에스터인 PET를 만드는 데 핵심 원료가 된다.

근대 시대에 확립되었던 유기화학 이론은 훗날 석유화학 분야에서도 그대로 적용되어 대표적 석유화학 공정인 '크래킹, 리포밍 & 중합' 기술의 초석이 된다. 특히 케쿨레의 방향족(aromatics) 이론은 고분자 화학의 많은 부분에 있어 중심적 위치를 지니고 있다. 최초의 합성 플라스틱인 페놀 플라스틱(1907년)의 핵심이 되는 원료 가운데 하나인 페놀이 방향족이기 때문이다. 이와 같이 근대 화학(특히 유기화학)이 확립되고 상업의 발달과 함께 화학제품의 유통도 시작된 이후 화학은 여러 영역(의약품, 화장품, 생활화학 제품, 공산품 등)에서 눈부신 발전을 이룩하게 되었다.

20세기 초에는 탄소의 학문인 유기화학을 연구했던 많은 유기화학자(organic chemist)들의 수많은 노력이 가득하였으며, 이들은 훗날의 고분자 화학자(polymer chemist)로 탈바꿈되어 다양한 플라스틱 개발에 앞장서게 된다. 플라스틱 또한 유기화학의 발달로 발견된 재료이다.

7

석탄 화학, 초창기 플라스틱 산업에 원료를 공급하다.

1차 산업혁명기 외연기관의 연료였던 석탄, 화학을 이끌다. 석탄 화학(coal chemistry)이 본격적으로 시작되다.

석탄은 태워서 열 에너지를 얻을 수 있는 에너지원이기도 하지만 다양한 유기 물질을 얻을 수 있는 원료이기도 하다. 근대 유기 화학자들은 이를 놓치지 않고 다양한 석탄화학을 개발하였다. 20세기에 들어와 근대화 화학공업의 기폭제가 된 것은 석탄을 기반으로 한 비료 원료인 암모니아 합성과 아세틸렌 화학공업이었다. 1930년대부터는 석탄에서 얻어지는 아세틸렌의 후손으로서 염화비닐, 초산비닐(아세트산 비닐), 스타이렌, 메타크릴산 메틸 등이 차례로 합성되어 훗날 비닐계 플라스틱의 출현을 이끌게 된다. 1931년에는 석탄화학으로 만들어진 염화 비닐(PVC)을 중합한 폴리염화비닐(PVC)이 공업화되었다. 또한 비슷한 시기에 미국의 듀폰(DuPont)사에서는 아세틸렌의 렛페 반응을 이용한 원료로 나일론66과 나일론6을 합성해냈다. 나일론66 섬유는 실크처럼 부드러운 실이었으며, 당시 '석탄과 공기와 물로 만든 섬유'로

| 여기서 잠깐 | 페놀, 왜 중요한가?

석탄을 건류하여 만든 콜타르에서는 너무나 중요한 화합물인 페놀이 추출된다. 페놀은 석탄산으로도 불리며 하이드록시기가 결합한 방향족 화합물이다. 베이클랜드는 1907년 페놀과 포르말린을 반응시켜 최초의 인조 플라스틱인 베이클라이트를 만들었다. 따라서 최초의 인조 플라스틱 발명은 석탄 기반의 페놀이 존재했기에 가능했다. 또한 페놀의 다양한 화학적 파생물은 폴리카보네이트, 나일론, 세제, 제초제, 수많은 약 등 많은 합성물의 전구체(precursor)들의 주요 성분이기에 중요한 산업 물질이다. 이러한 페놀은 석탄의 콜타르에서 처음 추출되었지만, 오늘날 석유에서 대량으로 생산된다.

불렸다. 합성 고무의 원료인 뷰타다이엔과 클로로플렌도 이 당시 석탄화학으로 합성되었다. 이때 만들어진 다양한 유기 물질들은 수율이 낮아서 당시에는 그다지 큰 주목을 받지 못했지만 곧 다가올 플라스틱 시대를 준비하는 마중물이 된다.

19세기에서 1950년경까지의 석탄 중심 산업 구조는 이후 석유를 주된 에너지로 사용하는 고도화 산업 구조로 바뀌게 된다. 마찬가지로 석탄화학도 점차 석유화학으로 전환되면서, 플라스틱의 원료도 1950년대 이후로는 차세대 석유로 점차 변화하였다. 결국, 석탄화학은 거대 산업이 되지 못하여 본격적인 산업화 단계에는 이르지 못했고, 현대에 이르러서는 대부분의 나라에서는 석탄화학이 퇴색되고 있다.

I 여기서 잠깐 I 중국의 여전한 석탄화학

중국은 석탄을 주원료로 사용하는 설비가 여전히 많고 석탄화학 산업도 꾸준히 진행되고 있다. 대표적인 제품으로는 폴리염화비닐(PVC), 에폭시 수지 원료(ECH), 초산(AA), 메탄올, 요소 등이 있다. 특히, 석탄화학으로 만들어진 플라스틱에는 PVC가 대표적인데 전세계 PVC 생산 설비에서 중국이 차지하는 비중은 40% 수준으로 가장 크다. PVC를 생산하는 방법은 석탄에서 아세틸렌을 생산해 염소와 반응시키는 카바이드 공법과 에틸렌을 염소와 반응시키는 EDC 공법 두 가지가 있다. 중국에서는 여전히 PVC의 50% 이상을 저렴한 카바이드 공법으로 만든다. 하지만 국내의 한화 솔루션 업체는 주로 EDC 공법을 쓰고 있다. 한편 ECH도 글리세린 기반과 프로필렌 기반으로 생산하는 두 가지 방법이 있는데, 중국은 글리세린 제조 때 석탄으로부터 얻는 메탄올이 투입된다. 한편 국내의 롯데정밀화학은 프로필렌을 기반으로 주로 만든다. 수년 전 우리나라가 '요소 대란'으로 디젤 자동차가 멈췄을 때, 중국이 힘 자랑을 할 수 있었던 이유는 바로 중국은 가장 값싼 공정인 석탄화학으로 요소를 만들기 때문이다. 대한민국은 기술이 없어서가 아니라 석탄화학을 퇴출하였기에 요소를 만들지 않고 있다.

8

플라스틱 컬러(염·안료)의 발명(19세기 말)

필요는 발명의 어머니라는 말도 있듯이, 인간의 욕망은 과학을 발전시킨다. 인간은 누구나 아름다워 보이고 싶어하는 욕구를 가지고 있으며, 이 욕구로 인해 다양한 염료(그리고 안료)가 발명되었다. 19세기 말 이전에 옷감을 염색하기 위한 염료는 대부분 천연물(식물의 껍질, 열매 등)로부터 유래되었는데 이러한 천연 염료는 그 염색 과정이 어렵고 색깔에 제한이 있는 데다가 대량생산까지 어려워 높은 신분을 가진 사람들을 위한 전유물이었다.

1856년, 영국 왕립과학대학에 다니던 윌리엄 퍼킨(William Henry Perkin)은 말라리아의 특효약인 퀴닌(quinine)을 합성하는 실험을 하던 중, 퀴닌 대신 우연히 보랏빛을 띠는 물질을 얻었다. 그는 이 물질이 염료가 될 수 있다는 사실을 깨닫고 모브(Mauve)라는 이름을 붙여 판매를 시작한다. 최초의 합성 염료는 이렇게 탄생했다. 이 보라색 염료는 퍼킨에게 매우 많은 부를 선사하였고, 이때부터 많은 유기화학자들이 합성 염료를 만드는 방법을 본격적으로 연구하기 시작한다. 1905년에는 독일 화학자인 바이어(Johann Friedrich Wilhelm Adolf von Baeyer)가 청바지의 청색을 내는 합성 염료인 인디고(indigo)의 구조를 규명하고 이를 합성하는 데 성공한다. 그는 이 공로로 노벨화학상을 받았다. 이후 새로운 유기합성 염료(벤젠 아조계, 알리자린계, 인디고계, 마젠타계 등)들이 계속 등장하며 염료/안료 산업은 더욱 발전한다. 오늘날에는 7천 종 이상의 합성 염료/안료가 있으며 섬유 산업뿐 아니라 플라스틱, 가죽, 종이, 식품 및 화장품 산업에도 널리 사용되고 있다. 초기의 합성 염료/안료는 석탄의 콜타르(coal tar)를 원료로 하였지만, 현재는 대부분 석유에서 원료를 얻고 있다.

이렇듯이 근대의 많은 유기화학자들이 조만간 도래할 '플라스틱 시대'에 맞추어 '플라스틱 컬러'를 담당하게 될 색소인 염료와 안료를 미리 준비하고 있었던 것이다.

플라스틱에 색깔을 입히다.

플라스틱의 장점으로 형태와 물성을 자유자재로 조절할 수 있다는 점 외에도 다양한 색상을 낼 수 있다는 점도 빼놓을 수 없다. 원료인 플라스틱의 수지에 색소인 염/안료를 첨가해 색을 내는 과정에서 색소 분자는 수지 분자와 실제로 분자 결합을 하기도 하지만 그물에 갇히듯 색소 분자가 수지 분자 사이에 분산된 상태로 갇히기도 하여 색깔을 구현한다.

초기의 플라스틱은 대부분 나무의 질감을 모방하였고, 일부는 대리석의 질감을 따랐다. 나무 질감은 나무 필러의 혼합으로 만들어졌는데, 최초의 합성 플라스틱인 베이클라이트(페놀 플라스틱)는 필러의 혼합을 감추기 위해 보통 검은색이나 어두운 갈색 안료를 투입하여 만들어졌다. 1930년대 중반까지 유행한 대부분의 플라스틱 제품의 색채는 거의 검정이었다. 이는 플라스틱의 밝은 색채와 빛나는 광택이 플라스틱의 '값싼 또는 가짜'의 이미지를 드러내 보이는 것으로 생각되었기 때문이었다. 이후에는 안료 기술의 발전으로 갈색보다 밝은 마룬, 그린과 블루 색체의 페놀 플라스틱이 만들어져 장식장, 라디오와 TV 캐비닛 등의 제작에 다양하게 적용되었다. 특히, 나무가루를 필러로 사용한 갈색 플라스틱은 나무의 질감을 모사하는 나무의 대체물이었고 이것으로 만든 모조 캐비닛은 비싼 나무 캐비닛을 자연스럽게 대체하였다. 초창기 미국 라디오 제조사인 Ekco사에서 만든 Ekco AC64 라디오는 검정색으로 된 모델보다는 나무결을 흉내낸 반점이 있는 모델이 더 잘 팔렸다고 하는데, 자연재료의 모습을 한 것이 더 친근한 호소력이 있었던 것이다.

플라스틱은 이처럼 초기에는 주로 어두운 나무 질감의 갈색으로 표현되었지만, 곧바로 더욱 다양한 색채를 가진 새로운 플라스틱 재료가 개발되었다. 1930~40년대를 거치면서 더욱 많은 종류의 플라스틱이 등장하였고,

| 여기서 잠깐 | 1850년 전설의 염/안료의 제왕 'Ciba-Geigy' 탄생하다'

Ciba는 스위스의 대규모 화학회사로, 1850년대에 염료 및 실크 염색 사업으로 시작하여 1900년에 제약 사업으로 사업을 확장했다. 한편 또다른 스위스의 화학회사 J.R. Geigy의 역사는 1758년 요한 루돌프 가이기가 바젤에 화학제품 상점을 열었을 때로 거슬러 올라간다. 이 회사도 섬유 산업용 염료 제조를 시작했고 1930년대에 제약 시장에 진출하였다. 1970년 Ciba AG와 J.R. Geigy SA의 합병으로 거대 염/안료 기술을 가진 Ciba-Geigy AG라는 스위스 제약회사가 설립된다. 1992년에는 이름이 Ciba로 축약되었고, 1996년에 Ciba가 스위스 회사인 Sandoz와 합병하여 세계 최대 제약 회사 중 하나인 Novartis AG가 탄생했다. 현대에 이르러 Ciba-Geigy의 우수한 염/안료 기술은 독일의 바스프(BASF)가 인수하였다. 글로벌 염/안료 시장은 바스프와 듀폰에서 분사한 케무어스컴퍼니(Chemours Company)의 점유율이 37%에 해당할 정도로 바스프의 시장성은 막강하다. 국내 염/안료 기업으로는 경인양행이 있다.

새로운 안료의 개발로 이전과는 다르고 더욱 새로운 감각의 제품이 만들어졌다. 유리처럼 투명하고 맑은 아크릴이나, 더욱 맑고 선명한 색감으로 처리된 멜라민 등 신소재의 출현에 따라 플라스틱은 더욱 인위적인 색감으로 다듬어졌고, 2차 세계대전 후 이러한 색감을 활용한 다양한 제품 디자인은 플라스틱의 미적인 가치를 한층 성숙시켰다.

성형용 합성 수지에 여러가지 안료를 혼합하면 플라스틱 제품은 다양한 색채와 질감으로 표현될 수 있다. 천연 재료가 가진 자연스러운 색감에서 인위적 색감, 투명에서 불투명한 색감, 거친 질감에서 부드러운 질감까지 다양화될 수 있으며, 빛나는 광택에서 부드러운 무광택의 대비에 의한 아름다움까지도 가져왔다. 역시, 플라스틱의 가장 큰 매력은 자유로운 착색이다!

9

단단한 가황 천연 고무의 발명, 플라스틱 탄생의 예고편!(1839년)

고무나무의 나무껍질에 상처를 내어 흘러내리는 라텍스액을 받아 굳혀서 만들어지는 천연 고무가 유럽인들에게 발견된 것은 11세기 무렵 남미에서였다. 이후 1493년, 콜럼버스가 두 번째로 신대륙을 탐사하기 위해서 도항하였을 때 하이티섬에서 토인들이 고무공을 가지고 놀고 있는 것을 보고 돌아와서 유럽에 소개한 것으로 본격적인 고무의 역사가 시작된다. 영국의 과학자 조셉 프리스틀리(Joseph Priestley)가 흑연 글씨를 고무로 문지르면 지워지는 것을 발견하여 문지르다(rub)의 명사형인 rubber라는 이름을 붙였고, 이에 따라 1770년대에 영국에서 고무 지우개가 발명되었다. 1820년 영국의 토마스 핸콕(Thomas Hancock)은 내림공정[1](mastication)으로 가공하기 쉬운 혼련된 고무를 얻었고, 천연 고무의 다양한 응용이 시작된다. 토마스 핸콕을 고무의 아버지라고 부르는 이유이다.

초기에 천연 고무는 공기와 물이 통과되지 않는다는 특성을 활용해 고

1 롤러로 생고무를 개는 공정으로, 생고무가 가진 탄성을 없애고 유연성을 키움으로 성형하기 쉬워진다.

무로 코팅된 우비가 만들어지기도 하였지만, 당시의 천연 고무는 내구성(특히 내열성과 내약품성)이 매우 취약해 사용 분야가 한정적이었다. 그러다가 1839년에 미국의 찰스 굿이어(Charles Goodyear)가 천연 고무에 유황(sulfur)을 섞어 가열하면 내열성과 높은 탄성이 생긴다는 사실을 발견한다. 이를 가황공정(vulcanization, 고무의 경화)이라고 하며, 이렇게 변성된 고무를 가황고무라고 한다. 가황에 의해 천연 고무는 단단하고 치수안정성을 지니게 되었다.

이전에는 고무의 용도가 지우개, 방수용 등으로 크게 제한되었지만, 가황법 발견 이후 다양한 분야의 고무제품을 생산할 수 있게 되었으며 추가적으로 고무 가공기계도 역시 발전되기 시작하였다. 그리고 1888년, 영국의 발명가인 던롭(John Boyd Dunlop)이 공기 타이어를 개발하면서 지금과 같은 고무 산업이 확립된다. 20세기에 들어서서는 가솔린 엔진에 의한 자동차 공업의 발전이 공기를 채운 타이어를 실용화시켜 타이어용 가황 천연 고무의 신규 수요가 급증하게 되고, 천연 고무나무는 고갈 상태에 이른다.

제2차 세계대전 중 천연 고무의 공급이 어려워진 독일은 합성 고무 개발에 적극적으로 뛰어든다. 그 결과 오늘날에도 유용하게 사용되는 스타이렌뷰타다이엔 고무(SBR)가 개발되었다. 이에 질세라 미국도 대규모로 합성 고무를 생산해내며 합성 고무 산업이 크게 성장한다. 전쟁이 끝난 후에도 합성 고무 산업은 더욱더 발전하여 현재는 타이어부터 산업용 호스와 밸브, 생활용품에 이르기까지 다양한 분야에서 합성 고무 제품들이 광범위하게 쓰이고 있다.

| 여기서 잠깐 | 찰스 굿이어(1800~1860)의 위대한 공헌

발명가였던 미국의 찰스 굿이어는 평생을 바쳐서 무른 천연 고무를 단단한 천연 고무로 바꾸는 데 이바지했다. 황이 섞인 천연 고무를 뜨거운 난로 위에 우연히 떨어뜨렸더니 천연 고무가 다시 녹지 않은 것은 관찰한 것에서 단서를 찾고 꾸준히 연구했다. 결국 천연 고무에 유황 가루를 뿌리고 열을 주면 고무와 황 사이에 가교 반응이 일어나서 탄성이 좋은 단단한 고무를 만들어내는 것을 발견했다(가황 공정). 현대의 해석으로는 굿이어가 황과 열에 의해 가교된 고무 구조를 얻은 것이고, 그는 1839년에 최초로 Thermoset(열경화) 개념의 인조 수지를 만든 것이다. 그의 열경화 개념은 우유 단백질(카세인)을 폼알데하이드와 열로 굳혀서 만들어지는 '우유 플라스틱(또는 카세인 플라스틱, 1897년)'의 개발에도 기여하였고, 이로 인해 최초로 흰색 칠판이 만들어지기도 했다.

역사적인 1907년에는 벨기에 태생의 미국인 리오 베이클랜드(Leo Hendrik Baekeland, 1863~1944)가 페놀을 폼알데하이드와 열로 경화시킨 최초의 100% 인조 플라스틱이자 열경화성 페놀 수지인 베이클라이트(Bakelite)를 만들어 발표하였다. 이 역시 굿이어의 열경화 개념의 연장선에서 만들어진 작품이다. 발명가로서 위대한 업적을 냈던 굿이어는 사업가로서는 그리 행복하지 못했다. 특허 소송에서 패소도 당했고 사업부채를 갚지 못해서 투옥되기도 하였다. 하지만 당시에는 위대한 업적을 낸 찰스 굿이어의 이름은 현재 미국 유명 타이어 제조사 'Goodyear'의 이름으로 남아 있다.

| 여기서 잠깐 | 열가소성 수지와 열경화성 수지의 차이는?

수지(또는 고분자)는 크게 열가소성 수지(열을 가하면 녹고 흐르며 냉각되면 고체로 굳는다)와 열경화성 수지(열을 가해 한번 고상으로 굳어지면 다시는 원 상태로 못 돌아간다)로 나뉜다. 이러한 특성은 수지의 골격 구조에 의존한다. 골격 구조에는 선형, 가지형, 망상(또는 가교)형 등이 있는데, 선형과 가지형 수지는 주로 열가소성 수지에 해당되나 망상형 수지는 열경화성 수지의 기초 골격이 된다. 이런 망상 구조(또는 가교 구조)는 천연 고무를 황 분자로 경화하는 가황 공정과 유사하다. 천연 고무를 황으로 굳힌 단단한 가황 고무는 고분자 발전의 역사에서 최초의 열경화성 고분자이다. 망상 구조를 만드는 기술을 가교 기술(crosslinking)이라고 하며, 수지에 강성과 질김을 제공하는 중요한 고분자 기술이다.

| 여기서 잠깐 | 에보니(흑단)를 대체한 에보나이트(가황 고무)

에보니(ebony, 흑단나무, 黑檀)는 주로 아프리카, 인도, 동남아시아 지역에 서식하는 상록수이다. 겉껍질은 흰색이지만 내부의 심재는 검은색으로 이 부분을 주로 목재로 사용하며 흑단이라고 부른다. 이 흑단 심재를 가공하여 만든 물건들은 과거부터 현대까지 최고급 제품으로 취급된다. 유럽에서는 예로부터 악기를 만들 때 흑단을 많이 사용하였고, 가장 대표적인 것이 피아노의 검은 건반이다(영미권에서 피아노의 검은 건반(또는 반음 건반)을 에보니라 부른다). 찰스 굿이어는 1852년 에보나이트라는 고무 제품을 발명하였다. 천연 고무에 25% 이상의 황과 아마유를 첨가한 후 장시간 가열하여 얻은 가황 고무였는데, 촉감은 흔히 상상하는 고무라기보다는 플라스틱에 좀 더 가까운 하드러버(경질 고무)였다. 에보나이트는 내산성, 내알칼리성, 전기절연성, 기계적 가공성이 우수해서 볼링공, 전기절연체, 라이닝재, 만년필 그리고 클라리넷과 색소폰의 마우스피스 등의 재료로 사용되었다. 굿이어는 ebony의 대체재로 쓰기 위해 ebonite라고 상품명을 붙였다.

| 여기서 잠깐 | 천연 고무나무의 서식지가 남미에서 동남아로 이동하다

천연 고무나무는 주로 남미의 브라질에서 서식했다. 그러나 19세기 근대화 과정에서 천연 고무의 수요가 증가하자 무분별한 고무 채취로 이어졌고, 결국 브라질에서 천연 고무의 생산이 고갈상태에 이르러 천연 고무의 수출을 전면 금지한다. 1876년 영국의 탐험가 헨리 윗캄은 브라질의 금제를 깨고 천연 고무나무의 씨앗을 훔쳐내어 영국의 식물원에서 발아시켰다. 이후 모종을 적도를 중심으로 위도가 15도 이내의 열대지대인 동남아시아의 스리랑카, 말레이시아, 자바섬에 옮겨 심어 고무농원을 경영하였다. 잇달아 네덜란드는 인도네시아에, 프랑스는 베트남에 진출하여 고무나무 재배를 시작했다. 결국 원조는 남미였지만, 오늘날에는 동남아시아가 천연 고무 산업의 전초 기지가 된 것이다(천연 고무 생산량은 전 세계 산출량의 95% 이상). 하지만 20세기에 진입하면서 천연 고무도 경제적인 이유로 합성 고무인 스타이렌-뷰타다이엔 고무(SBR), 나이트릴 고무(NBR) 등으로 대체되었으며, 이 여파로 고무나무를 기르기로 유명한 말레이시아, 인도네시아 등도 이제 고무나무 대신 팜나무로 바꾸어 재배하고 있는 실정이다.

10

당구공 개발하다 발명된 최초의 반인조 플라스틱, 셀룰로스 나이트레이트(1870년)

인류 최초의 반인조 플라스틱은 산업혁명의 시기인 1846년, 독일의 화학자이자 스위스 바젤 대학의 크리스티안 쉔바인(Christian Friedrich Schonbein) 교수의 우연한 발견에서 시작된다. 그는 집에서 실험을 하던 도중, 황산과 질산 혼합물을 바닥에 쏟고 말았다. 마침 면으로 된 앞치마가 있어 쏟아진 혼합물을 닦았는데, 앞치마에 불이 붙는 현상이 발생하였다. 면 속에 있는 천연 고분자인 셀룰로스(cellulose)가 질산의 영향으로 질산 유도체(nitrate)로 변한 것이다. 폭발성이 강하고 탄성이 큰 셀룰로스 나이트레이트(또는 질산 섬유소)는 이렇게 우연한 계기로 탄생하였다. 그는 셀룰로스 나이트레이트라는 새로운 인조 수지의 합성에는 성공하지만 플라스틱으로 성형하기에는 물성이 많이 부족했다.

지구상에 출현한 첫 번째 인조 플라스틱, 파크신(1862년, 플라스틱 원년)

1856년 영국의 화학자 알렉산더 파크스(Alexander Parkes)는 쉔바인이 개발했던 셀룰로스 나이트레이트 수지에 에터와 알코올 용매를 가하여 녹인 후, 원하는 틀에 넣고 고온에서 가열하고 용매를 모두 날려 건조하면 딱딱하게 굳어 원하는 형태를 만들 수 있다는 것을 알아냈다. 성형 가능한 플라스틱을 최초로 발명한 것이다. 그는 이를 자신의 이름을 따 파크신(Parkesine)이라 명명하였고, 1862년 런던에서 열린 만국박람회에서 공개적으로 파크신의 플라스틱 성형을 시연하였다. 당시 파크신은 만국박람회 측이 수여하는 동메달을 받았다. 파크신은 단단했고, 탄성도 있어 성형하기 쉬웠으나 제조 과정에서 건조하면 치수가 줄어드는 치명적인 단점이 있었다. 이는 파크스가 사용했던 용매의 용해도 부족 현상 때문이었다. 그는 파크신으로 최초의 의류용 인조 버튼도 만들었지만 값이 비싸고 크게 성공하지 못했고, 결국 파산하고 만다. 하지만 파크신은 인간이 만든 플라스틱의 시초로 볼 수 있다.

특명, 코끼리 상아의 대체품을 찾아라

1863년, 당구 선수이자 당구공 판매로 부를 쌓은 사업가 마이클 펠란(M. Phelan)은 「뉴욕 타임스」에 코끼리의 상아를 대체할 수 있는 재료를 개발하는 사람에게 1만 달러의 상금을 주겠다는 내용의 광고를 게재한다. 19세기 중반 미국 상류사회에서는 당구가 유행했는데, 당시에는 코끼리 상아를 이용해 당구공을 만들었고, 상아 1개를 다 써도 고작 3개의 당구공밖에 만들 수가 없었다. 당구공 외에도 피아노 건반이나 머리 빗 등 다양한 물건에 코끼리 상아가 사용되다 보니 무분별한 밀렵으로 코끼리 개체 수까지 줄어들면서 그렇지 않아도 비쌌던 당구공의 가격은 한없이 치솟았고, 항상 당구공 재료 부족에 시달려야 했다. 이런 이유로 코끼리 상아를 대체할 재료를 찾고자 한 것이다.

1만 달러를 받기 위해 많은 사람들이 도전했고, 마침내 1870년 인쇄출판업자이자 발명가인 존 하얏트(John Wesley Hyatt)가 셀룰로스 나이트레이트를 활용해 상아를 대체할 수 있는 플라스틱을 발명하기에 이른다. 사출 성형기

I 여기서 잠깐 I 너무나 중요한 천연 수지 셀룰로스!

하얏트가 당구공을 만들기 위해 사용했던 셀룰로스 나이트레이트(질산 섬유소) 수지가 기폭제가 되어 다양한 변성 셀룰로스가 만들어졌다. 그 응용이 급격히 발전했으며, 이제는 일상에 없어서는 안 될 핵심 물질로 자리 잡았다.

자연에서 발견되는 풍부한 천연 수지인 셀룰로스는 나무나 풀의 바탕을 이루는 물질이며, 목재나 종이의 원료로도 사용된다. 나무의 구성 성분 중 약 50%를 셀룰로스가 차지하며, 흡습성이 좋아서 의복용 면섬유의 94%를 차지한다. 셀룰로스를 소재로 활용하고자 하는 노력 끝에 옷감에 사용할 수 있는 굵기와 강도를 가진 섬유인 비스코스 레이온(1904년)이 개발되었다. '인견' 또는 '재생 셀룰로스 섬유'라고도 불리는 이 섬유가 개발되면서 본격적인 인조섬유 시대가 열렸으며, 이는 폴리에스터, 면에 이어 세계에서 세 번째로 많이 사용되는 섬유다.

1927년에는 셀룰로스를 나이트레이트가 아닌 아세테이트(acetate)로 변성한 셀룰로스 아세테이트(또는 초산 섬유소, 셀룰로스를 무수 초산으로 처리하여 제조)가 개발된다. 이 셀룰로스 아세테이트가 바로 아세테이트 섬유(상품명 셀라니즈)이다. 이 섬유는 광택이 우아하며, 부드러운 촉감으로 안감지, 넥타이, 가운, 스카프, 커튼, 담배필터, 침대 커버 등에 사용된다. 한편 1908년, 스위스의 화학자 자크 브란덴베르거(Jacques E. Brandenberger)는 명품 포장재인 셀로판지(cellophane, 재생 셀룰로스 필름)를 발명하고 특허를 받았다. 이 특허를 양도받은 미국의 듀폰사는 1924년부터 셀로판 필름을 제조하기 시작하였다. 지금도 많이 사용되는 셀로판지는 무색 투명하고 유리 모양의 광택이 있어서 주로 빵, 사탕, 소시지, 담배 등의 식품을 포장한다.

한편, 셀룰로스는 화학업계에서도 유망한 천연 소재 중 하나다. 셀룰로스를 가공하면 의약용 캡슐, 식품용 첨가제 등으로 다양하게 활용할 수 있다. 국내 롯데정밀화학이 제조하는 셀룰로스는 인도에 수출되는 초코파이, 일본의 종합비타민제 등에도 쓰인다.

도 발명한 하얏트는 수차례의 실패 끝에 파크신을 더 심화 발전시켰는데, 피부질환 치료제로 쓰였던 캠퍼 팅크[2](camphor tincture)를 사용하여 셀룰로스 나이트레이트를 제대로 녹인 후 가소화하여 완성도가 높은 플라스틱을 제조하였다. 이 플라스틱은 '셀룰로이드(Celluloid)'라는 상품명을 달고 안경테, 피아노 건반, 만년필, 주사위, 단추 등 다양한 제품에 사용된다. 하지만 정작 당구공에는 쓰이지 못했다. 폭발성이 큰 셀룰로스 나이트레이트로 당구공을 만들면 당구공끼리 부딪힐 때 종종 폭발이 일어났기 때문이다. 셀룰로이드는 1889년 Kodak이 유연한 사진 필름을 만들 때도 사용되었으며, 종이로 만들어진 영화 필름도 셀룰로이드가 대체하여, 할리우드 영화 열풍에 크게 기여했다. 셀룰로스 나이트레이트가 상아를 대체하긴 했지만, 천연 고분자인 셀룰로스를 개질해서 만든 것이므로 최초의 인조 플라스틱이라고 보기는 어렵고, 반인조 플라스틱이라고 할 수 있다.

2 알코올에 녹인 장뇌

11

미국 드레이크의 석유 시추(1859년) 그리고 석유왕 록펠러의 등장(1870년)

철도 회사의 차장 출신인 에드윈 드레이크(Edwin Drake), 지구 밑에서 잠자는 사자인 석유를 끄집어내다.

석유는 땅 속 깊은 곳에 숨겨져 있다. 찾는 것도 어렵지만 이 석유를 지상으로 퍼올리기(시추)까지는 매우 어렵고 오랜 시간이 걸리며 엄청난 비용이 들어간다.

석유의 유기 기원설에 따르면 약 5억 년 전, 지구 기후가 따뜻해지면서 바다와 호수에 수많은 동식물이 등장했으며, 이 생물들이 죽은 후 그 시체가 바다와 호수 밑에 가라앉았다. 그 위로 흙과 모래가 계속 쌓이고, 시체는 물 밑 수천 미터의 깊은 땅 속에 묻히게 된다. 오랜 기간 깊은 땅 속에서 시체는 박테리아에 의해 분해되고 높은 열과 압력을 받으면서 천연가스와 석유로 변한 것으로 추정하고 있다. 천연가스와 석유를 화석(고대 동식물의 시체) 연료라고 부르는 것도 바로 이 때문이다.

이렇게 깊은 지하에 생성된 석유가 한 곳에 고여 있기 위해서는 특정 주변 조건을 갖춰야 한다. 이를 이해하기 위해서는 먼저 근원암(source rock), 저류암(reservoir), 덮개암(cap rock), 그리고 트랩(trap) 구조를 알아야 한다.

유기물이 포함된 퇴적암을 근원암(또는 기반암)이라고 하며, 이 유기물이 천연가스와 석유가 되므로 근원암에서 석유가 생성되는 셈이다. 그런데 근원암에는 석유가 머물 만한 공간이 많지 않다. 이런 이유로 석유는 근원암에서 나와 물과 함께 점점 위로 이동하며 새로운 암석의 빈 공간, 즉 공극에 스며들게 되어 석유가 저장된다. 이 암석이 바로 저류암이며, 공극률이 높은 사암(또는 모래) 또는 석회암이 주를 이룬다. 물론, 시간이 지나면 저류암에서도 석유가 빠져나간다. 이렇게 빠져나간 석유가 여러 곳으로 흩어지지 않으려면 촘촘한 구조의 치밀한 암석층인 덮개암(또는 진흙)이 필요하다. 저류암 상층 주변을 둘러싸고 있는 뚜껑 역할의 덮개암이 있으면 석유가 덮개암을 통과하지 못해 한 곳에 모이게 된다. 이처럼 석유가 모일 수 있게 해주는 지하 조건을 트랩 구조(또는 돔 구조)라고 하며, 이 트랩으로 인해 석유는 인간이 깊은 땅 밑을 손대기 전까지 수백만 년 동안 지하에서 곤히 잠들어 있게 된다.

| 여기서 잠깐 | 전통적 석유 vs. 비전통적 석유

석유는 크게 전통적 석유(conventional oil)와 비전통적 석유(unconventional oil)로 구분된다. 전통적 석유는 쉽게 채굴할 수 있으며 품질이 좋은 석유를 말한다. 우리가 현재 사용하는 대부분의 석유가 전통적 석유에 해당한다. 반면 비전통적 석유는 채굴이 어렵고 품질이 떨어지는 액체 혹은 (반)고체 상태의 석유를 말한다. 이러한 석유는 과거에는 채산성이 맞지 않아 그대로 방치되는 경우가 대부분이다. 하지만 기술이 발달하여 비전통적 석유를 좀 더 저렴한 가격으로 시추할 수 있게 되면서 석유 업계에 큰 변화의 바람이 불어왔다. 대표적인 비전통적 석유로는 셰일 오일과 셰일 가스, 오일 샌드가 있다.

기원전 수천 년 전부터 인간이 사용해 왔던 석유의 첫 발견은 자연적으로 노상에 침출된 암석 오일이었다. 이때는 주로 석유의 역청(아스팔트) 성분만을 부식방지의 목적으로 목재 및 배의 코팅에 사용하거나 일부 의약품으로 이용하였고, 가솔린과 같은 연료 성분은 사용하지 않고 대부분 버렸다. 인류 역사가 근대에 들어서고 약 1760년에서 1820년 사이에 영국에서 시작된 1차 산업혁명과 미국의 시민전쟁을 거치면서 등불을 밝히는 용도의 등유와 같은 대규모의 기름 수요가 생겨났다. 이에 따라 노상천에서 간헐적으로 채취되는 석유나 고래에서 나오는 고래기름만으론 공급이 부족해졌고, 본격적인 석유 탐사의 필요성이 대두되었다.

1853년, 미국의 변호사 조지 비셀(George Bissell)은 투자자를 모집해 펜실베니아에 석유 회사를 세웠다. 그리고 시추 책임자로 철도 회사의 차장 출신인 에드윈 드레이크(Edwin Drake)를 고용한다. 드레이크는 당시로서는 기념비적인 생각, 즉 곡괭이질 대신 드릴을 땅 밑으로 사용하여 석유를 시추할 수 있다는 생각을 한 유일한 미국인이었다. 당시에는 지하의 저류암 구조를 찾을 수 있는 현재의 탄성파 탐사와 같은 과학적인 탐사가 불가능했기에 시행착오법으로 무수히 땅을 팔 수밖에 없었다. 다니던 직장도 그만두고 선입견을 깬 도전 정신의 드레이크는 수많은 시추 실패, "헛소리 그만하시오"라는 주위의 비웃음, 그리고 경제적 파산을 이겨내고 드디어 1859년 8월 27일 펜실베니아주 티튜빌 지하 20미터에서 기름층인 유정(油井)을 발견하였다.

어쩌면 그의 성공은 운이 따라줬기에, 그리고 신의 축복을 받았기 때문에 가능했다고도 볼 수 있다. 그가 찾은 유정은 20미터 지하에서 발견되었는데 조금만 옆으로 가서 굴착했으면 300미터를 파야지 석유가 나왔기 때문이다. 안타깝게도 '시추계의 아버지'로 불리던 행운의 사나이 드레이크는 돈에 대한 더 큰 욕심으로 빈털터리가 되고 빈곤에 시달리면서 생을 마감하게 된다. 하지만 용감했던 드레이크 덕분에 근대의 석유산업은 시작하게 되었다.

| 여기서 잠깐 | 와인과 석유의 공통점 3개는?

와인을 '신의 물방울'이라고 부르는 사람들이 있듯이, 석유를 '검은 황금' 또는 '흑진주'로 부르는 사람들도 있다. 와인과 석유의 공통점이 있을까? 와인과 석유는 둘 다 유기물 시체가 부패되고 변성된 황홀한 액체이다. 힘들었던 19세기 석유 시추 노동자가 마시고 버린 와인 빈 술통에 석유를 담고 판매하였기에 현재도 와인과 석유는 배럴(1배럴 = 42갤런 = 159리터)이라는 애매한 기본단위를 같이 사용한다. 무엇보다도 중요한 공통점은 최상품 와인과 석유는 신의 축복을 받아야 인간이 손에 쥘 수 있다는 것이다. 유전 개발은 본질적으로 불확실성이 큰 도박 같은 사업이기 때문이다.

스탠더드 오일의 등장과 퇴출

드레이크의 미국 펜실베니아주 최초의 유전 채굴로 석유가 등장한 1850~60년대에는 오일 러시 광풍이 불어 많은 사람이 석유 채굴에 몰두하였다. 이때 록펠러는 '진짜 돈이 되는 사업은 석유를 정제하는 정유 사업'이라는 걸 깨닫고 1870년 스탠더드 오일 회사[3]를 창립하였다. 그는 뛰어난 경영 수완으로 미국 각지에 자회사를 세우고 석유 산업의 수직계열화를 성공한다. 뛰어난 등유 품질을 바탕으로 스탠더드 오일은 미국 석유 회사의 표준이 되었다. 자동차가 개발되고 본격적으로 석유의 시대가 열리기 시작하면서 1880년대에는 스탠더드 오일 트러스트를 조직하여 미국 석유 산업의 90%, 원유 채굴 1/3을 장악하며 독점적 지배를 확립하였으며, 전 세계 석유의 80%를

3 회사명에서도 알 수 있듯이, 스탠더드 오일은 표준이 될 수 있는 좋은 품질의 등유를 생산하는 것을 목표로 설립되었다.

존 D. 록펠러(1839~1937)

공급하는 글로벌 기업으로 발돋움한다.

록펠러의 석유 독점을 걱정하는 사람들이 생겨나면서 1890년에 셔먼 반독점법이 만들어지고, 1899년 결국 트러스트는 해산된다. 한편, 1901년 미국 텍사스주의 스핀들탑 유전이 발견되고 시추액과 가솔린 동력을 사용한 최초의 회전식 시추기법이 개발되면서 유명한 석유회사 '걸프 오일'와 '텍사코'가 생기게 되고 록펠러의 독점시대는 막을 내린다. 1911년 독점금지법에 따라 글로벌 절대 강자였던 스탠더드 오일 그룹은 뉴저지 스탠더드 오일(스탠더드 오일 그룹 41개사의 지주회사였으며 훗날 엑손(1972년)), 캘리포니아 스탠더드 오일(훗날 텍사코, 그리고 걸프 오일과 합병한 셰브론), 뉴욕 스탠더드 오일(훗날 모빌(1966년)) 등 34개 독립법인으로 해체되고 글로벌 석유 산업 질서는 새로이 확립된다. 유럽계였던 브리티시 페트롤륨과 로열 더치 쉘이 스탠더드 오일에서 분리된 석유 회사들을 인수하면서 폭발적으로 성장하기도 했다. 이른바

세븐 시스터즈[4]의 출현이다.

세븐 시스터즈의 3개 기업의 전신이 스탠더드 오일이었고, 그중 엑손은 스탠더드 오일의 적장자답게 20세기 초중반 세계 석유사업에서도 가장 큰 영향력을 발휘한다. 1950년대가 지나면서 세븐 시스터즈 외에도 중소 독립 석유 회사들이 등장하기 시작하였다. 1960년 5개 산유국이 석유수출기구(OPEC, 현재 13개국)를 결성하여 석유 회사들과 산유국 사이에 밀고 당기는 힘겨루기가 시작되었지만, 1970년대 1,2차 석유파동으로 세븐 시스터즈는 엄청난 수익을 올린다. 록펠러의 직계 후손이었던 엑손과 모빌은 석유 산업 시장권 내에서 서로 경쟁하면서도 긴밀하게 협력했고, 1999년 11월 30일 엑손이 모빌을 835억 달러(당시까지의 석유 산업 내 최고의 인수 비용)라는 거금을 주고 흡수합병하여 매출액 기준 세계 최대의 슈퍼메이저인 엑손모빌이 탄생했다. 당시 엑손은 스탠더드 오일의 적장자 취급을 받고 있었기에 미국 내에서는 스탠더드 오일을 분리시키느라고 엄청난 공을 들였는데 다시 합치는 것이 아니냐는 우려도 나왔다.

엑손모빌은 오랜 기간 미국 기업 시가총액 상위권을 지켰으며 세계 21개 석유 정제소에서 매일 490만 배럴의 석유를 정제하고 있고 오늘날 전 세계 원유 생산의 3%, 전 세계 에너지의 2%를 차지하는 세계 정상급 기업이다. 현재 국영 기업을 제외하면 가장 큰 규모의 민간 기업으로 2010년에는 전 세계 시가 총액 1위를 차지하기도 했다. 정유뿐 아니라 석유화학 분야에서도 글로벌 TOP 10에 이름을 올리고 있는 종합 화학 기업이며, 전 세계 60개 이상의 국가에서 원유의 탐사 및 시추, 정유, 석유화학 산업을 영위하고 있다.

4 석유 산업을 지배했던 일곱 개의 정유사 컨소시엄을 일컫는 말이다. 엑손, 셰브론, 모빌, 걸프 오일, 텍사코, 브리티시 페트롤륨, 로열 더치 쉘.

| 여기서 잠깐 | 록펠러는 누구인가?

록펠러는 무자비한 사업확장으로 악명을 떨쳤는데 석유가격을 원가 이하로 떨어뜨려 경쟁사를 파산하게 만들고 그 회사를 헐값에 인수하기를 반복하여 당시 북미 석유공급의 90프로를 장악하였다. 사업에서 은퇴한 후에는 재단을 세워 기부와 교육산업에 매진하였고, 록펠러의 자본이 투자된 록펠러 대학교는 노벨 생리의학상과 화학상 수상자를 25명이나 배출한 명문이 되었다. 또 시카고 대학교에 1910년까지 4,500만 달러에 이르는 재원을 기부하여, 시카고 대학이 세계적인 대학교로 거듭날 수 있었다. 무자비한 인수합병과 독점으로 지탄을 받았지만 자본가의 사회환원과 기부를 실천했던 그는 오늘날에는 미국에서 가장 성공한 사업가이자 존경받는 인물로 꼽히고 있다.

초창기 플라스틱 산업의 원료는 석탄이었지만, '게임 체인저'로 지구 밑에 잠자고 있던 대표적인 화석연료인 석유를 인간은 끄집어내었다. 드디어 석유시대가 도래하게 된다. 그리고 석유는 조만간 플라스틱의 조상이 된다.

12

2차 산업혁명과 전기산업

2차 산업혁명(1870~1920년)과 중화학공업의 발전

인류의 역사가 19세기 말 근현대에 들어서면서, 석유를 기반으로 한 내연기관의 발명과 강한 강철로 기계 설비를 제작하여 공장에서 물건의 대량생산이 가능하게 되는 2차 산업혁명이 발단한다. 이 시기에는 석탄(그리고 석유)으로부터 얻어지는 전기에너지 기반의 전기산업도 등장하였고 중화학, 통신, 자동차 산업도 덩달아 크게 발달하였다.

특히 독일은 가솔린 엔진 발명을 위시해 중화학과 전기 분야에서 앞서가며 2차 산업혁명을 주도했다. 독일은 해외 인프라에 많이 투자하고, 식민지에 원자재 공급망을 구축함으로써 자국의 중화학공업 고도화를 완성해갔다. 이런 독일의 중화학공업 육성 전략은 아시아에서 일본에 의해 제일 먼저 모방됐고 한국도 한국전쟁 이후인 1960년대부터 일본을 좇아가면서 중화학공업을 육성하게 된다. 이렇게 한국에도 정유산업과 석유화학산업(플라스틱 산업, 섬유산업, 고무산업, 정밀화학산업 등)이 태동하게 된다.

에디슨-테슬라의 '전류 전쟁'과 플라스틱

18세기에 벤자민 프랭클린은 하늘에서 번쩍이는 번개가 전기라는 사실을 입증했다. 19세기에는 백열전구(1879년)를 만들고 우리에게 천재 발명가로 알려진 토머스 에디슨(1847~1931)이 등장한다. 에디슨은 전압이 일정한 직류 전기 공급 방식을 고집했고, '웨스팅하우스 전기회사'를 설립한 조지 웨스팅하우스는 천재 전기 공학자인 니콜라 테슬라(1856~1943)를 영입해 교류 전기 시스템을 개발하여 에디슨과 대립했다. 전기 공급 방식의 표준을 둘러싼, 전기 혁명의 선두 주자 자리를 놓고 벌어진 두 거인의 '전류 전쟁(Current War)'이었다. 에디슨의 '에디슨 전등회사'는 1882년 세계 최초로 영국 런던에 석탄화력발전소를 열었다. 하지만 테슬라의 웨스팅하우스는 1886년에 에디슨을 제치고 시카고 만국박람회 점등 계약을 따내면서 승승장구하였으며, 나이아가라 폭포에 수력 발전소를 세워 전기 대중화 시대도 열었다. 결국, 전류전쟁은 테슬라의 교류 전기 방식이 승리하였고, 이후 웨스팅하우스는 1957년 세계 최초로 원자력 발전소를 선보였다.

에디슨과 테슬라의 싸움으로 엄청나게 발전된 전기는 현대 산업 문명의 중요한 에너지원으로 쓰이고 있다. 1920년대에는 전기에너지를 이용한 다양한 전자제품들이 발명되었고 이들은 특히 부엌으로 대거 들어가게 되었다. 제너럴일렉트릭(GE, 에디슨 전등회사의 후신)과 웨스팅하우스가 일으킨 '부엌 혁명'이라고 할 수 있겠다. 토스터, 커피포트, 전기냉장고, 식기 세척기 같은 새로운 가전제품들이 속속 등장했고 불티나게 팔렸다.

당연히 가전제품 제작에 꼭 필요한 재료인 플라스틱도 덩달아 수혜를 입었다. 우수한 절연 특성의 플라스틱이 새롭게 등장한 전기산업 분야에 효율적인 재료로 인정되면서 그 사용성이 확대되었다. 특히 페놀 수지인 베이클라이트는 열에 의해 변형되지 않고 절연성이 뛰어나며 부식되지 않아 가전제품 재료로 사용하기에 안성맞춤이었다.

| 여기서 잠깐 | GE의 전설 그리고 GE Plastic

'발명왕' 토마스 에디슨이 1878년 설립한 '에디슨 전등회사'를 모태로 탄생한 제너럴 일렉트릭(General Electric Company, GE)은 오랜 기간 세계 모든 기업의 경영 교과서로 불리며 성공 가도를 달렸다. 전구, 가전제품, 제트엔진, 터빈 등 제조업에서 출발한 GE는 이후 잭 웰치, 제프리 이멜트 등 쟁쟁한 CEO를 거치며 의료기기, 방송, 금융 분야까지 사업을 확장해 한때 미국 시가총액 1위 기업에 등극했다. 한편 '백색 가전'이란 말은 영어 'white goods'에서 유래했는데 백색 가전 산업의 초대 제왕은 미국이었다. 2차 세계대전 이후 냉장고, 세탁기 등 백색 가전이 미국 가정에 하나 둘 보급됐는데, GE에서 만든 가전제품이 대부분 흰색이었다. 청결을 강조하기에 적합한 색이었기 때문이다. 당시 전 세계 중산층은 GE의 TV, 냉장고, 세탁기에 열광했다. 1980년대 이후 백색 가전의 패권은 일본의 소니 TV, 도시바의 냉장고로 넘어갔고, 1990년대부터는 TV에선 한국의 삼성이, 나머지 백색 가전에선 LG 전자가 세계 1위에 올라섰다. 근래엔 중국 1위 하이얼이 미국 GE, 일본 산요, 이탈리아 캔디 등 유명 기업의 가전부문을 인수해 세계 시장을 공략하고 있다.

1930년에 설립된 GE의 플라스틱 사업 부문인 General Electric(GE) Plastic은 전세계를 상대로 가전, 자동차, IT기기, LCD, 반도체 등에 들어가는 특수 플라스틱 소재를 생산해왔다. '중성자탄 잭' 잭 웰치를 비롯한 GE의 역대 주요 회장들을 대부분 배출할 정도로 중요한 상징성을 갖고 있다. 근래에 GE는 GE Plastic을 중동 최대의 거대 석유화학기업인 '사우디 베이직 인더스트리(SABIC, 사빅)'에 매각했다.

13

2차 산업혁명기, 자동차 시대의 개막

1876년 니콜라우스 오토가 공기와 연료를 섞은 후에 점화시키는 방식의 가솔린 엔진을 개발했다. 이어서 1886년, 독일의 발명가 칼 벤츠(Karl Friedrich Benz)는 휘발유로 움직이는 내연기관 자동차를 발명한다(일명 '폭발 기관'의 휘발유로 작동하는 전기 착화식 엔진). 벤츠는 곧 고틀리프 다임러와 자동차 회사 벤츠를 창업하였다. 1887년에는 독일의 기술자 루돌프 디젤(Rudolf Diesel)이 경유를 연료로 사용하는 디젤 엔진을 발명한다. 중질유의 분사작용에 의한 압축 착화식 엔진 완성 이후 디젤 엔진은 나날이 발전하여 추후, 기관차, 선박, 자동차 등에 적용되었다.

한편, 1908년에는 '자동차의 왕'이라 불리던 미국의 기업가이자 "부자만이 아닌 일반 서민들도 자동차를 살 수 있게 만드는 것이 목표였다"는 헨리 포드(Henry Ford)가 자동차 대량생산에 성공한다. 1910년 디트로이트의 포드 공장에서 자동차의 대중화를 이끈 포드 모델 T의 대량생산이 시작되었다. 말이 교통 수단이었던 19세기 말 미국 뉴욕 거리는 말똥 천지였는데, 20세기 초중반 자동차가 등장하자 말은 순식간에 시장에서 퇴출되었다. 배설물도 없는 자동차는 이동 수단으로서 막강 그 자체였다. 1900년 미국에는 자동차 등록 대수가 8,000대에 불과했지만 불과 10년만에 46만 8,000대로 치솟았다. 1920년에는 자동차수가 900만 대, 1929년에는 2,300만 대로 기하급수적으로 늘었다. 당시, 미국의 자동차 등록 수는 인구 5명 중 1대로 자동차는 생활의 필수품이 되었고 미국은 단숨에 자동차 왕국으로 부상되었다.

한편, 라이트 형제가 가솔린 엔진을 장착한 프로펠러 글라이더로 비행에 성공하면서 휘발유는 비행기에도 사용된다. 가솔린과 디젤, 두가지 방식의 내연기관은 100년 이상 자동차 엔진의 기본이 됐으며, 자동차는 87% 이상 탄소 함량의 고급 탄소 재료인 석유가 에너지원으로 자리 잡게 하는 데 일등 공신이었다. 당시에는 분진이 날리는 고체 석탄(에너지 수치 30 kJ/g)보다 액체 석유(에너지 수치 48 kJ/g)가 더 친환경적이고 고효율의 농축된 에너지 공급원이었다. 자동차가 대량생산되고 본격적으로 석유의 시대가 열리기 시작하면서 석유 산지를 가진 미국은 초강대국으로 발전하게 된다.

20세기 산업의 아이콘, 자동차. 라이프 스타일의 혁명적인 변화

20세기 초중반에는 가솔린 자동차의 개량이 많이 이루어졌다. 1906년에는 7마력이었던 엔진 성능이 1940년에는 100마력까지 급격하게 개선되었고, 세계 경제의 한 축은 자동차 산업으로 굴러갔다. 이에 따라 19세기에는 철도의 발전으로 도로는 철도의 보조 수단으로만 여겨졌었으나, 20세기에 진입하면서 세계 각국에서는 자동차를 위한 고속도로가 많이 세워졌다. 1932년 개통된 독일의 아우토반(3,000 km 이상)과 1926년 개통된 미국의 루트 66(3,945 km의 대륙 횡단 고속도로)이 대표적이다. 이동 거리가 특히 긴 미국의 지리적 특성상 자동차에서 지내는 시간이 늘어나면서, 이 시간 동행하는 라디오 방송과 더불어 미국의 팝음악의 산업화가 제대로 가동하게 된다. 이는 1930~40년대의 라디오 산업발전과 1970년대의 카세트 테이프 전성시대로 이어진다. 이처럼 자동차는 인류의 생활방식을 완전히 바꿔 놓았다.

플라스틱 소재, 자동차로 진입하다.

자동차 역시 초기의 재료는 철과 나무였고 내장재는 가죽이나 천이 쓰였으며 주행 속도는 시속 10 km 수준이었다. 19세기 후반 들어 자동차 속도가 시속 70 km 이상으로 빨라지면서 안전에 대한 인식, 대량생산, 경량화에 대한 이슈가 등장하게 되었고 그 결과 무게가 가벼운 자동차용 플라스틱 기술이 발전하게 되었다(차 문 안쪽 도어 트림, 대시 보드, 사이드 미러, 라이트, 내/외장재 등). 또한 섬유 기술 발달로 방수성, 내구성이 높으면서 고급스러운 질감까지 가진 직물이 등장하면서 차량 내장재에도 플라스틱이 사용되었다.

20세기에 들어서는 1924년 듀폰이 페인트의 용제로 아세톤을 사용하여 개발한 '듀코' 자동차용 도료가 자동차 시장에 진입하였으며, 1940년, 나일론계의 타이어코드 소재[5]가 개발되어 타이어의 내구성도 향상되었다. 한편, 헤드램프, 범퍼와 같은 외장품, 엔진룸 주변, 운전석 등에 고내열, 고내구성 '엔지니어링 플라스틱(금속을 대체할 수 있는 플라스틱)'이 적용되기 시작했다. 현재에 이르러서는 고유가 시대이기에 연비 경쟁에 뛰어 들은 자동차 회사들은 자동차 무게를 줄이기 위해서 유리섬유나 탄소섬유 등을 섞은 복합소재 플라스틱 개발에 집중하고 있는데, 예를 들어 차량의 측면이나 후면, 지붕 같은 뼈대에 탄소 섬유 강화 플라스틱 등을 적용하고 있다.

5 타이어의 형태를 잡아주고 내구성을 보강하는 소재

I 여기서 잠깐 I 자동차용 플라스틱에는 무엇이 있는가?

자동차의 구성을 크게 하부 골격을 구성하는 샤시계(chasis)와 자동차의 외장/내장, 인테리어, 등과 같은 차체계(body)로 나눌 수 있다. 플라스틱은 주로 차체계에 많이 적용된다. 각 부위에 적용되는 플라스틱 소재를 표로 나타내면 다음과 같다.

자동차 부품	적용되는 플라스틱 소재
크래쉬 패드	PP, PU, TPO, NR
콘솔	PP, PU 인조가죽
범퍼 시스템	TPO, PP, POM
라디에이터 그릴	TPO, ASA, ABS, PC/ABS
루프랙	PA, TPO
스포일러	ABS, EDPM, PE, PMMA, ABS, PC
램프	PC, PBT, PMMA, ABS, BMC, PPS, PPA, PP
인사이드 미러	PP, PC, PM, PC/ABS, PBT
아웃사이드 미러	ASA, ABS, PC/ABS, PMMA
엔진 마운트	NR, BR, EPDM, Silicone, PA66
서스펜션 부시	NR, BR, PU, PA66
호스	EDPM, NBR, 불소고무, 아크릴고무, IIR
필라가니시	ASA, PMMA, PC, PBT
웨더 스트립	EDPM, TPE

(출처: iurii/Shutterstock)

14

2차 산업혁명기, 정유의 시작

원유는 사용 목적에 맞게 LPG, 휘발유, 나프타, 등유, 경유, 중유 등으로 분리·정제해야 한다. 이렇게 원유를 분리·정제해 다양한 석유 제품을 생산하는 산업이 곧 정유 산업이다.

정유의 역사

1859년 미국, 드레이크의 원유 탐사 성공 후 시작된 정유(petroleum refining) 역사의 초창기에는 원유에서 기름을 뽑아낼 때 증류 기술에만 의존했으며, 대부분이 조명, 난방용 연료로 사용되던 등유와 소량의 휘발유만 제대로 정제하여 얻을 수 있었다. 1870년 독일 고틀리프 다임러가 내연기관을 개발하고, 1910년대 미국 포드사에 의한 자동차의 대량생산과 보급이 시작되자 증류법만으로 가솔린 엔진의 기술 진보와 엄청난 휘발유 수요증가에 대응하는 데 한계에 이르렀다.

이러한 상황에서 1891년 러시아의 발명가 슈코프는 석유와 같은 길이가 긴 탄화수소를 500~800도의 고온으로 가열하면 길이가 짧은 탄화수소로 열분해(thermal cracking, 크래킹)되는 것을 발견하였다. 당시 정유사들은 원유에서 휘발유를 가능한 한 많이 뽑아낼 필요가 생김에 따라 벙커C유와 같이 크고 무거운 중질유를 가열하여 분해시켜 작고 가벼운 경질유인 휘발유와 경유를 만드는 열분해법을 상업화하였다.

단지 열로만 분해했던 정유 역사 초기의 열분해 공정은, 연구를 거듭한 결과 열과 수증기를 같이 사용하는 수증기 분해(steam cracking), 열과 촉매를 같이 사용하는 접촉 분해(catalytic cracking), 열, 촉매 그리고 수소를 같이 사용하는 수첨 분해(hydrocracking) 등 다양한 열분해 공정으로 진화하였다. 이러한 석유의 열분해 기술은 현재에 이르러서는 석유화학단지의 NCC(나프타분해설비) 공장에서도 동일하게 적용되어 나프타로부터 플라스틱 및 고무의 원료인 에틸렌, 프로필렌, 뷰타다이엔과 같은 작은 사이즈의 올레핀을 만들 때도 사용된다.

| 여기서 잠깐 | 원유와 석유의 차이는?

원유와 석유를 같은 의미로 사용하는 경우가 많지만 엄밀히 따지면 이 둘은 다르다. 유전에서 막 뽑아낸 정제되지 않은 액체가 원유(crude oil)이고, 원유에서 불순물을 제거한 것이 석유(petrolium)이다. 원유는 여러 물질이 혼합된 검은색의 끈적한 액체다. 주성분은 탄화수소(탄소 85%, 수소 13%)이며 황과 같은 불순물이 2~3% 정도 섞여 있다. 불순물이 혼합된 원유는 그 자체로는 사용이 어려우므로 상품가치를 높이기 위해서는 불순물을 제거하는 분리가 필수적이다. 더 나아가서 가솔린 엔진과 같은 내연기관의 연료로 적용하려면 분해 및 개질 작업도 추가적으로 필요하다. 이러한 원유의 분리, 분해 개질 작업이 곧 정유(= 원유 정제)이다.

대한민국은 정유 강국이다.

원유가 한 방울도 나지 않는 한국은 세계 5위의 원유 수입국이다. 그런데 동시에 세계 5위의 정유 강국이기도 하다. 단일 공장 기준으로 전 세계에서 가장 큰 정유 공장 6곳 중 3곳이 한국에 위치해 있으며, 원유를 분리·정제한 후 LPG, 휘발유, 나프타, 등유, 경유 등의 석유 제품으로 만들어 전 세계로 수출하고 있다. GS칼텍스, 현대오일뱅크, SK이노베이션, 에쓰오일 등 국내 정유 4사는 지난 수십년간 친환경을 화두로 한 사회적 가치 창출을 위해서 원유 정제 설비투자 및 고도화에 열심을 내면서 달려왔다. 또한 국내 정유사들은 4차 산업혁명 시대를 이끄는 에너지에서 석유가 제외될 수 없다는 자신감을 가지면서 친환경 공정에 선제적인 투자, 신규 유전 발굴 등을 확대하고 있다.

석유는 자동차, 비행기, 선박뿐 아니라 겨울철 난방, 화력 발전소, 제철 공장과 시멘트 공장 등 다양한 곳에서 에너지원(LPG, 휘발유, 등유, 경유, 중유 등)으로 사용된다. 하지만 석유의 정유로부터 얻은 나프타는 석유화학산업의 원료로 사용된다. 따라서 플라스틱의 조상은 원유의 정유물인 나프타이다.

15

세계대전 그리고 석유 패권 시대의 도래

어느 나라도 피해갈 수 없는 전쟁 리스크에도 석유는 매우 중요하였다.

1912년, 드디어 미국에 최초의 현대식 정유 공장이 세워졌고, 원유를 가열하여 끓는점에 따라 분리해 휘발유, 등유, 경유, 중유를 차례로 생산해냈다. 다양한 용도의 석유 제품이 값싸게 대량생산되면서 그것을 연료로 사용하는 기계의 개발이 촉진되었고, 이에 따라 자동차, 항공기, 선박과 같은 거대한 산업은 더욱 발전하게 된다.

한편, 자동차가 변신하면 장갑차(탱크)가 된다. 비행기는 전투기가 될 수 있고, 선박은 잠수함과 전함으로 바뀔 수 있다. 이것들은 모두 전쟁의 성패를 좌우하는 핵심 무기이다. 그리고 이 무기들을 움직일 수 있는 동력은 석유가 제공한다. 석유가 없으면 장갑차, 전투기, 잠수함과 전함은 그저 덩치 큰 고철 덩어리일 뿐이다. 1차 세계대전(1914~1918)에서 자동차, 선박, 비행기가 무기로 사용되면서 석유의 중요성은 커지고 국제 정세를 좌우하는 원동력으로 연료인 석유가 급부상한다. 2차 세계대전(1939~1945)에서는 석유 없이 전쟁을 이길 수 없다는 것을 알게 된 독일은 전쟁 후반에 러시아를 침공할 수밖에 없었다. 뿐만 아니라 당시 독일은 기름 부족을 타개하기 위해서 전설적인 피셔-트롭쉬 석유공정을 활용, 석탄으로부터 합성연료(synthetic fuel)로 불리는 휘발유도 급하게 만들어서 비행기와 탱크의 연료를 생산하여 광범위하게 사용하였다. 당시 전쟁 참가국의 최우선 과제는 석유를 확보하는 것이었고, 모두가 석유 부족에 힘들어 할 때, 최대 산유국이었던 미국이 영국과 프랑스에 거의 무제한에 가까운 석유를 제공하면서 전세가 연합국으로 기울게 된다. 전쟁에서도 석유가 승패에 결정적인 역할을 한 것이다.

석탄에서 석유로, 에너지와 소재의 대전환

석탄으로부터 화학제품을 제조하는 것은 낮은 수율과 제한된 제품수로 인해 파급력이 미미했지만, 석유에서 시작된 석유화학 제품은 경제성과 확장성에 있어서 그 파급력이 대단했기에 자연계에서 유례를 찾기 힘든 인공 재료를 다양하게 만들 수 있었다. 2차 세계대전 이후 석유화학의 비약적인 발전으로, 석유로부터 얻어지는 나프타로부터 각종 화학제품을 본격 개발하게 되었고, 나프타의 후손인 섬유, 플라스틱, 고무, 정밀화학 제품은 전성시대를 맞게 된다.

석유패권의 시대

인류의 역사에 있어서 패권의 상징은 식량, 원자재와 함께 에너지였다. 20세기 이전에는 철과 석탄만이 세계 지배의 헤게모니를 장악할 수 있는 경쟁력이라고 생각하여 이들 자원의 확보를 위해서 강대국들이 각축전을 벌였다. 20세기에 진입하자 석유가 현대사회에서 없어서는 안 될 중요 물질로 인식되었고, 세계 정세의 패권의 상징이 되었다. 이 시기에는 네덜란드 Shell을 필두로 영국 BP, 프랑스 Total 등 해외 석유 메이저가 탄생하였으며, 미국에서는 석유로 운행되는 자동차가 생활의 필수품이 되었다. 세계 경제의 엔진을 움직이는 대부분의 에너지는 석유로부터 오기 때문이다. 한편, 석유를 기반으로 한 화학공업은 석탄으로는 만들 수 없었던 다양한 석유화학 제품을 만들어냈고, 플라스틱, 섬유, 고무 및 각종 정밀화학 제품의 원료도 석탄에서 차세대 석유로 급격히 변화하였다. 전후 석유 산업은 다른 산업과는 비교가 안 되는 발전을 이룩하고, 우리들의 생활 수준 향상에 크게 공헌하였다.

지금도 석유 매니아는 현대 문명의 토대가 된 석유를 '검은 흑진주' 또는 '검은 황금' 이라고 부르곤 한다.

• 2부 •

20세기 초: 석유화학과 플라스틱의 시대

16

20세기 初, 석유화학산업의 태동

근대의 유기화학자들은 필요한 원료인 탄소를 주로 석탄에서 얻었다. 하지만 현대에 들어서서 석유를 사용하고부터 유기화학의 범주 내에 석유화학(petroleum chemistry)이란 작은 영역이 만들어진다. 이후 석유를 활용해 플라스틱, 합성 섬유, 합성 고무 등 고부가가치의 물질을 만드는 데 성공하면서 유기화학의 작은 부분이었던 석유화학은 독립적인 학문으로 분리·발전한다. 상업적으로는 1920년대 시작된 석유화학산업은 2차 세계대전(1939~1945)을 거치면서 빠르게 성장한다. 전쟁 중의 전략 물자로서 합성 고무 및 합성 섬유와 플라스틱이 본격적으로 개발되기 시작한 것이다.

전쟁 후에는 석유가 크게 남아돌아 가격이 하락하게 되었고 이에 석유화학이란 꽃이 만개하게 된다. 화학산업도 석탄화학에서 석유화학산업으로 대폭 재편되면서 석유에서 얻어지는 나프타를 이용하여 각종 단량체(플라스틱의 원료)도 대량으로 값싸게 생산할 수 있게 되었다. 결과적으로 플라스틱의 생산 및 소비가 급증하였다. 바야흐로 석유화학경제가 시작된 것이다. 마침내 현재에 이르러서는 석유를 연료뿐 아니라 소재에도 사용함으로써 이루어진 고도화된 공업화 구조를 실현하게 되었다.

한국은 일본, 독일 등 선진국에 버금가는 세계 5위의 생산규모를 가진 석유화학산업 강국이다. 1970년대부터 시작된 중화학공업 육성정책에 따라 석유 정제에서 에틸렌, 프로필렌, 뷰타다이엔 등 기초 유분을 생산하는 석유화학 업스트림(원료 생산) 산업과 이를 적용하여 제품을 만드는 다운스트림(제품 생산) 산업이 체계적으로 발달되어 있다. 한국의 화학산업 규모는 세계 5위 수준이다. 2022년에는 543억 불의 석유화학 제품을 수출하며 반도체, 자동차에 이어 주요 수출 품목 3위를 달성했다. 석유화학 산업이 한국 경제에서 매우 큰 비중을 차지하고 있다는 사실을 알 수 있는 대목이다.

| 여기서 잠깐 | 석유화학의 역사

1918년, 스탠더드 오일(Standard Oil)사가 Union Carbide Company(UCC)와 함께 석유의 부산물이었던 프로필렌을 물과 반응시켜 합성 알코올인 아이소프로판올(isopropyl alcohol, IPA)을 생산하는 데 성공하면서 석유화학의 개념이 탄생하였다. 석유가 연료로만 쓰이는 것이 아니라 다양한 화학제품의 원료가 되는 석유화학 시대의 서막이 열린 것이다. 이후 석탄화학은 석유화학에 의해서 서서히 도태된다. 화학자들은 열과 촉매를 이용하여 분자 구조를 변화시키며 새로운 성질을 갖는 물질을 계속 만들어내었다.

1923년 미국 UCC가 에틸렌으로부터 에틸렌 클로로하이드린(에틸렌옥사이드의 원료), 에틸렌 글리콜(부동액 및 폴리에스터의 원료), 다이클로로에테인(VCM 및 PVC의 원료)을 연달아 상업화하였다. 1930년대에는 오늘날까지도 광범위하게 사용되는 대표적인 플라스틱인 폴리염화비닐(Poly vinyl chloride, PVC)과 폴리에틸렌(Polyethylene, PE)이 개발된다. 또, 나이트릴뷰타다이엔 고무(nitrile butadiene rubber, NBR) 및 스타이렌뷰타다이엔 고무(styrene butadien rubber, SBR)와 같은 합성 고무도 발명되었다. 그리고 1940년대에는 합성 섬유인 나일론을 이용해 만든 스타킹이 선풍적인 인기를 끌면서 합성 섬유의 시대가 열린다.

1939년 발발한 2차 세계대전은 석유화학 산업의 발전을 더욱 가속화하였다. 전쟁으로 인해 전투복, 낙하산, 자동차 타이어, 전선의 피복 등 수많은 군수물품들이 대량으로 필요했는데, 자연 재료로는 이를 충당할 수가 없었던 것이다. 이에 자연스레 합성 수지(플라스틱), 합성 섬유, 합성 고무의 수요가 폭발한다. 1차 세계대전을 통해 연료로써의 석유가 부상했다면, 2차 세계대전에서는 다양한 물질의 기초 원료로써의 석유가 새로운 가치를 얻게 된다.

전쟁 이후, 낙하산을 만들던 나일론은 옷과 칫솔의 재료로, 레이더 부품을 만들던 폴리에틸렌은 식품 용기로 재탄생하였고 합성 고무 기술은 자동차 산업 발전에 크게 기여한다. 이외에도 광범위한 분야에서 다양한 합성 제품들이 천연 소재를 대체하면서 석유화학 산업의 시대가 본격적으로 열렸다. 미국을 중심으로 발전했던 석유화학산업은 1950년대에는 영국을 비롯한 서유럽에도 확산되었고 1960년대 이후에는 한국을 비롯한 많은 개발도상국에서도 다양한 석유화학 제품이 생산되기 시작하였다.

석유화학 산업은 크게 두 분야로 나뉜다. 나프타를 원료로 이용해 기초 유분(및 중간 원료)을 생산하는 산업과 기초 유분을 바탕으로 합성 수지(플라스틱), 합성 섬유, 합성 고무, 정밀화학 제품을 만드는 산업이다. 사람도 최초의 조상이 있었고, 그 후손들이 대를 이어 계속 분화된 것처럼, 석유화학산업 역시 모든 시작이 정유산업의 공정을 통해 생산된 나프타에서 출발한다. 나프타 또는 납사(탄소 수 5~15의 탄화수소 혼합물, 끓는점 35~220도)라고 불리는 이 원재료를 기반으로 에틸렌, 프로필렌, 뷰타다이엔 등의 기초 유분을 만들 수 있으며, 이 기초 유분들을 원료로 하여 생활 속의 다양한 플라스틱 제품부터 의복 등에 사용되는 여러 종류의 합성 섬유들, 타이어와 같은 합성 고무 제품들과 심지어 의약품에서 비료, 세제, 페인트에 이르는 광범위한 정밀화학 제품들을 만들 수 있기 때문이다. 이렇게 석유에서 정제된 나프타를 기반으로 다양한 화학제품들을 만들어내는 산업을 '석유화학산업'이라고 한다.

| 여기서 잠깐 | 석유화학의 기초 유분 6개

나프타에는 사이즈가 제법 큰 탄소 수 5~12의 알케인과 사이클로알케인이 적절히 존재하여 석유화학에서 매우 중요한 올레핀계 기초 유분 3개(에틸렌, 프로필렌, 뷰타다이엔)와 방향족계 기초 유분 3개(벤젠, 톨루엔, 자일렌)를 만들 수 있다. 일반적으로 나프타 중 경질 나프타(light naptha, 비점 35~130도, 주로 파라핀계 탄화수소)는 열분해 공정으로 투입되어 올레핀계 기초 유분 3개를 만들어 내고, 중질 나프타(heavy naptha, 비점 130~220도, 주로 납센 및 방향족계 탄화수소)는 접촉 개질 공정으로 투입되어 방향족계 기초 유분 3개가 만들어진다. 더 나아가서는 각각의 기초 유분들은 합성 수지(폴리에틸렌, 폴리프로필렌 등의 플라스틱), 합성 섬유(폴리에스터, 나일론, 아크릴 섬유 등), 합성 고무(SBR, BR 등) 및 정밀화학 제품(페놀, 아세톤, 비료, 세제, 의약품 등)의 원료가 된다.

이때 나프타를 열분해(및 개질)하는 설비를 나프타 분해 설비(naptha cracking center), 줄여서 NCC라고 한다. 기초 유분은 NCC를 보유한 기업들이 주로 생산한다. 한국에서 NCC를 보유한 기업은 LG화학, 롯데케미칼, 여천NCC, 한화토탈, SK지오센트릭(구 SK종합화학), 대한유화 6곳이 있다. 기초 유분 중 가장 중요한 것은 바로 에틸렌인데, 에틸렌으로 플라스틱의 대명사인 폴리에틸렌(PE)을 만들 수 있기 때문이다. 석유화학 기업들을 평가할 때 에틸렌 생산 능력을 최우선 순위로 보는 이유이다. 자랑스럽게도 한국은 세계 4위의 에틸렌 생산 능력을 보유하고 있다.

한편 나프타로 만드는 여섯 가지의 기초 유분은 거의 모든 화학 제품의 주요 원료가 된다. 하지만 이 유분들이 직접적으로 최종 제품의 원료가 되는 것은 아니다. 반제품으로 불리는 중간 원료가 있어야 하며, 중간 원료 역시 기초 유분을 활용해 만든다. 여러 가지 중간 원료 중에 스타이렌(styrene monomer, SM), 이염화에틸렌(ethylene dichloride, EDC), 염화비닐(vinyl chloride monomer, VCM)이 중요하다.

석유화학 산업의 특성

정유와 석유화학산업은 '유관 기업들의 지역적 결합체'를 뜻하는 전형적인 콤비나트(combinat) 산업이다. 따라서 대단위 투자 비용이 소요되는 자본 집약적인 장치 산업이며, 국내에서는 울산, 대산 및 여수 석유화학단지에서 파이프라인을 통해서 복잡한 비지니스가 풀려 간다. 사업 체인 내의 많은 원료 및 제품이 유체(fluid)이기 때문에, 장거리 운송보다 송유관을 통한 이송이 경제적 측면에서 이점이 있다. 따라서 연관된 산업군의 기업들이 주변에 모여서 콤비나트를 구성하게 되면 원재료의 수급이나 운송비용의 절감 차원에서 도움이 된다. 석유 산업의 특징을 살펴보면 상류기업의 제품이 하류기업의 원료가 된다. 정유 기업의 나프타 제품이 NCC 석유화학기업의 원료가 되고, NCC 기업의 나프타 분해 산물인 에틸렌 제품은 바로 폴리에틸렌 플라스틱 제조 기업의 원료가 된다.

| 여기서 잠깐 | 올레핀(olefin)이란?

함께 알아 두면 좋은 용어로 올레핀이 있다. 석유의 탄화수소 성분 중 이중 결합이 없는 포화 구조를 가지면 파라핀(알케인), 이중 결합이 있는 불포화 구조를 가지면 올레핀(알켄)이라 한다. 화학적으로 파라핀과 올레핀은 형제와도 같다. 파라핀계의 탄화수소는 수소만 떼어내면(탈수소화 반응) 언제든지 올레핀계로 변할 수 있다. 반대로 올레핀계의 탄화수소에 수소를 첨가하면(수소화 반응) 언제든 파라핀계로 변환이 가능하다.

정유 기업들은 필요에 따라 파라핀과 올레핀의 양을 조절해서 생산하고 있다. 올레핀은 화학적으로 매우 불안정해 원유에는 거의 포함되어 있지 않다. 하지만 원유의 분해 공정 과정에서 올레핀계의 탄화수소들이 많이 만들어진다. 이 탄화수소들은 자체적으로 반응하여 굳어지는 특성이 있어서 연료의 효율을 떨어뜨리기 때문에, 정유 산업에서는 선호하지 않는다. 그러나 석유화학산업에서는 산업의 쌀이라 불리는 폴리올레핀의 가장 중요한 원료가 된다. 합성 수지, 합성 섬유, 합성 고무의 기초 원료가 되는 에틸렌, 프로필렌, 뷰타다이엔 등이 모두 올레핀 계열의 탄화수소이다.

1940년 이후, 석유화학의 번성으로 석탄화학에서 석유화학으로 화학산업이 재편되었기에 플라스틱의 원료인 탄소의 소싱도 석탄에서 석유의 나프타로 완전히 바뀌게 된다. 결국 플라스틱의 조상은 나프타인 셈이다.

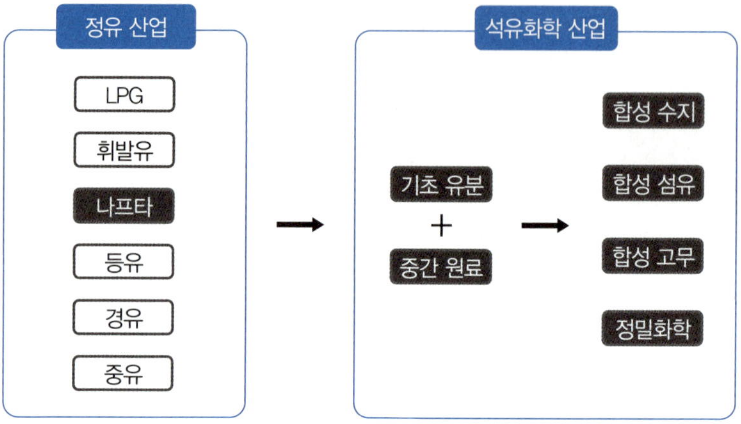

석유화학산업의 세부 분야

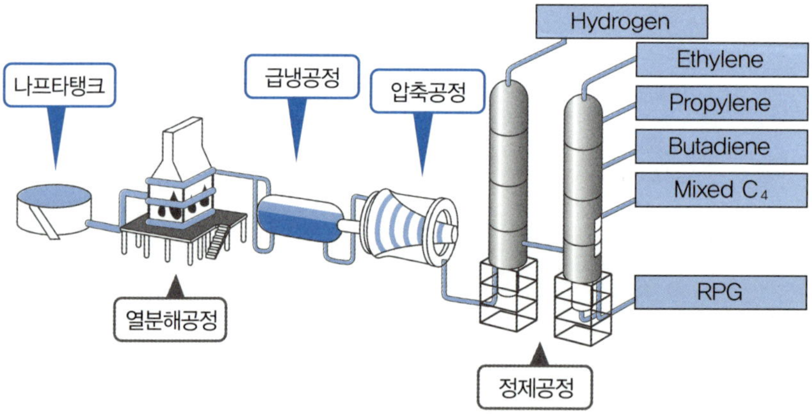

나프타의 NCC 공정 개략도

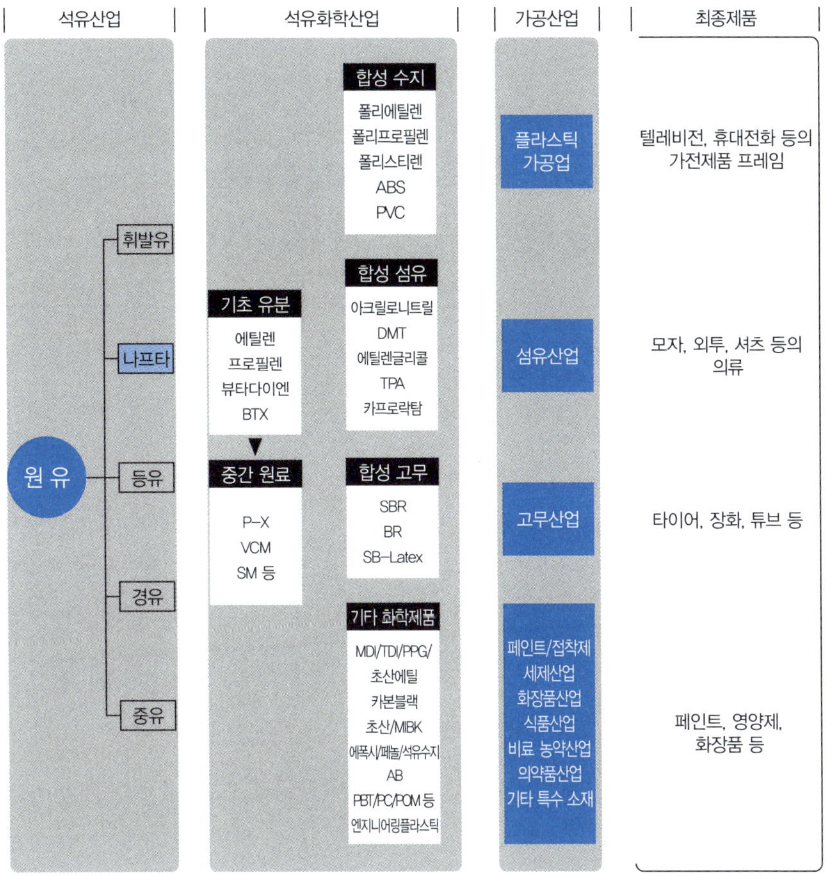

원유에서 플라스틱/섬유/고무/정밀화학까지

17

최초의 인조 플라스틱, 열경화성 페놀 수지의 등장(1909년)

1872년, 독일 화학자인 아돌프 폰 바이어(Adolf von Baeyer, 1835~1917년, 1905년 노벨화학상 수상)는 "페놀과 폼알데하이드를 반응시키면 수지와 같은 것이 생긴다"는 논문을 발표한다. 이 연구는 페놀과 폼알데하이드를 섞으면 생기는 송진 같은 끈적한 물질에 열을 가하면 성형이 가능하고, 식히게 되면 딱딱하게 굳어지는 성질을 발견한 내용이다. 이 연구는 당시에 상업화되지 못했지만 100% 인조 플라스틱 탄생의 첫걸음이 되었다. 1899년 영국 아서 스미스는 페놀-폼알데하이드 수지 가공에 대한 최초의 특허인 "전기 절연에 에보나이트 대체물로 사용되는 페놀-폼알데하이드 수지"를 발명했지만, 이 역시 상업화되지는 못하였다.

한편, 벨기에 태생의 뉴욕 주에서 태어난 미국인 리오 베이클랜드는 전기회사를 운영하면서 전기 모터 및 발전기의 전선을 피복하기 위한, 그리고 무른 특성의 천연 수지 셀락을 대체할 수 있는 절연 물질을 찾고 있었다. 그는 아돌프 폰 바이어가 쓴 논문을 공부하고 페놀과 폼알데하이드의 화학 반응 기술을 개선하면서 5년간 실험에 매달린 끝에 1909년 최초의 완전 합성 플라스틱인 페놀 수지 개발에 성공한다. 그 플라스틱이 바로 스스로의 이름을 딴 베이클라이트(Bakelite)이다. 그는 1910년 나이아가라 폭포 근처에 공장을 세웠는데, 큼지막한 글씨로 내건 광고 문구는 '천 가지 용도의 물질'이었다. 자유자재로 성형이 가능한 베이클라이트는 셀룰로스 기반의 셀룰로이드보다 훨씬 단단했고, 더욱 저렴한 가격에 제조할 수 있었다. 덕분에 엄청나게 다양한 베이클라이트 기반 제품이 시장에 쏟아져 나왔다. 이것들은 차츰 온갖 금속과 목재 제품들을 대체하기에 이르렀고 베이클랜드는 상업적으로 큰 성공을 거둔다. 이후에도 100여 개의 특허를 출원해 부를 쌓았다가 1944년 모든 재산을 사회에 환원하고 세상을 떠났다.

최초의 합성 플라스틱이자 열경화성 수지인 페놀 수지는 전기·전자 제품의 외장재로 널리 쓰이며, 다양한 분야에서 천연 수지를 빠른 속도로 대체해 나간다. 페놀 수지(phenolic resin)는 가장 오래된 합성 수지 중 하나로 전기절연성, 내열성, 치수안정성, 내구성, 가공성 등이 우수해 전기 절연체, 자동차 부품, 접착제, 코팅제, 각종 전자 제품, 항공기 부품 등 다양한 분야에서 폭넓게 쓰이고 있다.

| 여기서 잠깐 | 페놀 그리고 큐멘 프로세스

'석탄산'으로도 불리는 페놀은 가장 오래전에 공업화된 유기화합물 중의 하나이며 19세기 중반에는 석탄 타르에서 추출하여 처음 만들어졌다. 과거에는 페놀을 위한 여러 합성 공정이 있었지만 현대에 이르러서는 가장 우수한 석유화학공정이라 불리는 '큐멘 공정'이 페놀 제조 공정으로 확립되었다. 1953년에 상업화된 이 공정은 벤젠을 프로필렌과 반응시켜 큐멘(cumene)을 먼저 만든 후 후속적인 산화, 산 처리를 통해서 페놀과 아세톤을 동시에 만든다. 이 공정은 페놀 1톤당 약 0.6톤의 아세톤을 만들기에 아주 경제성 있는 화학 공정으로 정평이 났다. 꿩도 먹고 알도 먹는 셈이다.

페놀의 여러 화학적 파생물은 비스페놀 A, 페놀 수지, 에폭시 수지, 폴리카보네이트(PC), 나일론, 세제, 제초제, 수많은 약들이다. 국내에서는 금호피앤비화학과 LG화학에서 페놀을 생산한다. 두 회사 모두 페놀을 원료로 이용하여 비스페놀 A(B-PA)도 생산한다. 특히, 금호피앤비화학은 BPA 기반의 에폭시도 만들며, LG화학은 BPA 기반의 PC도 생산한다. 한편, 삼양이노켐도 BPA를 생산한다. 페놀을 폼알데하이드와 반응시키면 대표적인 열경화성 수지인 페놀 수지(제법에 따라 노볼락과 레졸의 두 종류가 판매됨)가 만들어진다. 페놀 수지는 코오롱인더스트리, 강남화성이 생산하고 있다.

| 여기서 잠깐 | 페놀 수지의 친구, 아미노 수지

가열해도 연화하지 않는 3차원적 망상 구조를 가지는 수지를 열경화성 수지라 부르는데, 페놀 수지(1909년)가 오래된 역사를 가지지만 요소 수지, 멜라민 수지, 알키드 수지, 에폭시 수지도 대표적인 열경화성 수지이며, 현재도 많이 사용하고 있다. 1929년에는 요소-폼알데하이드 화학 반응으로 요소 수지가 개발되었다. 유레아 수지라고도 불리는데 페놀 수지에 비해 단단하며 반투명의 다양한 색채를 낼 수 있다. 절연성과 화학적 안전성도 좋아서 전구의 빛 확산을 위한 전등갓과 전등의 부속품으로 넓게 사용되었고, 파티클보드 결합제, 종이와 직물 처리제, 접착제, 코팅 및 각종 성형품 등에도 적용되었다. 초창기에는 나무 장식장을 대체하였다.
1939년에는 멜라민과 폼알데하이드를 반응시켜 만들어지는 열경화성 수지인 멜라민 수지가 등장한다. 멜라민 수지는 페놀 수지나 요소 수지보다도 내열성이 좋아 다양한 용도로 쓰인다(식기류, 성형품, 테이블 윗면 코팅, 직물처리 등). 시장에서는 요소 수지와 멜라민 수지를 질소 원소를 가지고 있는 수지라는 뜻의 아미노 수지 또는 아미노 플라스틱이라고도 부른다. 페놀 수지와 요소 수지, 멜라민 수지는 폼알데하이드를 공통 원료로 사용하여 만들어지는데, 이들 셋을 3대 열경화성 수지라고 한다.

18

고분자의 학문적 발전이 시작되다.

우리 조상들은 고대부터 자연에 존재하는 천연 수지를 사용해 왔으며, 이들은 대부분이 유기물이며 고분자 물질이었다. 그들은 고분자에 대한 학문적인 개념은 없었지만 당시에는 그 기능을 능숙하게 활용해 왔다. 19세기에 들어서서도 가황 고무를 개발한 굿이어, 셀룰로이드를 개발한 하얏트, 베이클라이트를 개발한 베이클랜드는 모두 분자량이 아주 큰 물질이라는 고분자의 개념과 존재를 제대로 이해하지 못하는 상황에서 끊임없는 시도로 플라스틱을 발명하였다.

이 같은 분위기는 1922년, 독일 출생 스위스 연방공과대학의 화학자 헤르만 슈타우딩거(Hermann Staudinger)가 학문적으로 플라스틱을 이해하려는 움직임으로 '플라스틱은 수많은 선형 사슬 구조로 이루어진 고분자 유기 물질'이라는 개념을 정립하면서 바뀐다. 슈타우딩거는 폴리스타이렌과 천연 고무를 연구하면서 '거대분자론(macromolecule 또는 polymer, 고분자: 분자량이 아주 큰 분자가 존재하며, 낱개의 분자가 구슬이 실로 꿰어지어 하나로 연결된 것 같이 물질이 존재)'을 주창한다. 이로 인해 플라스틱 개발의 이론적 토대가 만들어지자 수많은 화학자들이 다양한 합성 제품을 쏟아낸다.

1920년대 중후반 폴리스타이렌(PS)과 폴리염화비닐(PVC), 1933년 폴리에틸렌(PE), 1935년 나일론, 1941년 폴리에틸렌테레프탈레이트(PET), 1956년 폴리카보네이트(PC), 1959년 발포폴리스타이렌(EPS · 일명 스티로폼), 1987년 폴리아세틸렌 등이 잇따라 발명됐다. 슈타우딩거 덕분으로 다양한 형태의 플라스틱 개발에 날개가 달렸다. 슈타우딩거는 훗날 '고분자의 아버지'로 불리었고, 1953년에 노벨화학상을 수상한다.

슈타우딩거 덕분으로 '플라스틱 이론'이 세상에 알려지고 고분자의 개념이 차차 굳어져 가던 1920년대가 지나고 1930년대에 많은 화학자들이 또 다른 합성 수지를 만드는 데 전념하게 되었다. 그 중의 한명이었고 넓은 비전의 선구자였던 듀폰사의 캐러더스(W. H. Carothers)는 축합 중합[6]에 관한 많은 연구들을 수행하였고 1935년에 나일론 수지를 최초로 합성하였다. 나일론으로 만든 스타킹은 1940년 미국에서 발매되어 엄청난 인기를 끌었다.

1950년대 이전에는 폴리에틸렌(PE)과 폴리프로필렌(PP)을 매우 어렵게 만들었다. 중합을 위해서는 무려 1,000~3,000기압에 이르는 압력이 필요하다 보니 폭발이 자주 일어났고, 비용도 많이 들어 대량생산이 거의 불가능했다. 그러다 1952년, 막스 플랑크 연구소에 있는 독일의 화학자 칼 지글러(Karl Ziegler)가 타이타늄 촉매와 알킬-알루미늄 공촉매를 개발하면서 전보다 낮은 압력과 온도에서 에틸렌을 중합할 수 있게 된다(직쇄형 고밀도 폴리에틸렌, HDPE 합성). 그로부터 1년 후, 이탈리아 밀라노공과대학교의 화학자 줄리오 나타(Giulio Natta)가 지글러 촉매를 활용해 이전보다 훨씬 물성이 좋은 PP(결정성 폴리프로필렌)를 중합하는 데 성공한다. 이로써 PE와 PP를 쉽게 만들 수 있

6 두 개의 다른 관능기 사이의 반응으로, 물과 같은 저분자가 제거되면서 고분자가 만들어지는 방법

게 되었고 폴리올레핀계 플라스틱 산업은 한층 더 발전하게 되었다.

지글러가 발견하고 나타가 발전시킨 배위(配位) 촉매에 의한 입체규칙성(立體規則性) 중합은 그 효과가 고분자 구조론이나 물성론에까지 크게 파급되었다. 이 공로를 인정받아 둘은 1963년에 노벨 화학상을 공동수상한다. 현재는 지글러-나타 촉매보다 더 진화한 메탈로센 촉매를 이용해 PE와 PP를 만들고 있다

한편, 듀폰사의 폴 플로리(Paul Flory)는 비닐 연쇄 중합이론 등 플라스틱 이론을 완성하여 폴리올레핀 등 많은 고분자의 공업화에 기여하였다. 플로리는 수학적 이론 기반의 고분자물리화학을 발전시킨 공로로 1974년 노벨 화학상을 받았다. 일본의 히데키 시라카와는 미국의 앨런 맥더미드(Alan G.

| 여기서 잠깐 | 고분자란 무엇일까?

분자량이 작은 물질을 저분자, 큰 물질을 고분자라고 한다. 고분자를 형성하는 기본 단위는 Mer(조그마한 단위체 또는 단량체)인데, 단량체 하나로만 구성된 물질을 모노머(monomer), 모노머가 두 개 결합하면 접두사 Di를 붙여 다이머(dimer), 세 개가 결합하면 Tri를 붙여 트라이머(trimer), 여러 개가 결합하면 oligo를 붙여 올리고머(oligomer)라고 한다. 폴리머(polymer)는 모노머가 아주 많이 결합되어 분자량이 10,000 이상 되는 고분자 물질을 일컫는다.

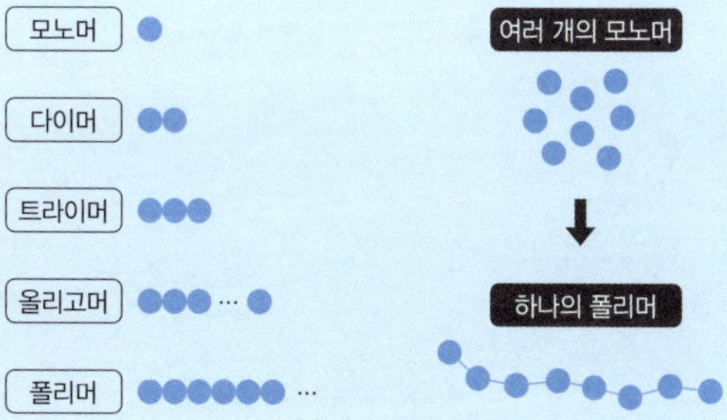

〈고분자의 단위〉

MacDiarmid), 앨런 히거(Alan J. Heeger)와 함께 전기가 통하는 플라스틱을 개발해 2000년 노벨화학상을 받는다.

| 여기서 잠깐 | 분자를 고분자로 만드는 중합법

여러 개의 저분자인 모노머를 연결하여 고분자(폴리머)로 만드는 방법을 중합(polymerization)이라고 한다. 고분자 중합의 대표적인 방법에는 부가 중합(addition polymerization)과 축합 중합(condensation polymerization)이 있다. 부가 중합은 개시제에 의해 이중 결합이 열리면서 단량체가 부가되어 고분자가 중합되며, 축합 중합은 서로 다른 관능기(작용기, 기능기)가 반응하면서 고분자가 되는 중합 반응이다. 이외에도 개환 중합(ring opening polymerization)과 배위 중합(coordination polymerization) 등이 있다.

19

비닐의 대명사 PVC의 등장(1927년)

결코 쉽지 않았던 PVC의 개발 역사

석탄화학으로부터 염화 비닐(VCM) 가스는 이미 마련된 상태에서 1835년 프랑스의 화학자인 앙리 빅터 르뇨(Henri Victor Regnault)는 VCM이 햇볕에 의해 자연적으로 중합된 PVC의 존재를 관찰했지만 지나쳐버렸다. 1872년 독일 화학자 유진 바우만(Eugen Baumann)에 의해서 최초로 개발된 PVC는 매우 질긴 플라스틱이었고 가공이 힘들어서 처음 제작 당시에는 그다지 주목받지 못했다. 1912년 독일의 화학자 프리츠 클라테(Fritz Klatte)도 PVC 제법을 개발하였지만 당시 개발된 PVC는 너무 딱딱하고 쉽게 부서지며, 낮은 열 안정성으로 인해 제법이 까다로워 상업화되지 못했다.

1920년대가 되어서야 미국과 독일에서 산업공정이 개발되었다. 1926년 미국 B.F. Goodrich사의 화학자 왈도 세몬(Waldo Semon)은 프탈레이트가 PVC를 부드럽게 만드는 것을 발견하고, PVC에 가소성을 부여해 향상된 가공성으로 '가소화된 PVC'를 발명한다. PVC 플라스틱의 상업화가 쉽지 않았던 이유는 PVC 가공에 반드시 가소제가 필요하다는 것을 깨닫는 데 시간이 오래

| 여기서 잠깐 | PVC 가소제

플라스틱은 강약 조절이 가능하다. 즉, 강하거나 부드럽게 만들 수 있다. 이때 물질을 부드럽게 해주는 재료가 바로 가소제(plasticizer)이다. 가소제를 많이 넣을수록 플라스틱이 더 부드러워진다. PVC 자체는 매우 단단하기에 가소제 없이 사용하는 것은 현실적으로 어렵다. PVC 자체는 딱딱한 경질이지만 가소제를 혼합하면 부드러운 연질 PVC가 된다. DOP(dioctyl phtalate)와 같은 가소제는 사용 도중 PVC 내부로부터 밖으로 스며 나와 인체와 환경에 위해를 가하는 환경호르몬(내분비계 교란물질)으로 밝혀져서 어린이용 장난감이나 식품포장재에는 사용이 금지되어 있다. 따라서 PVC는 환경호르몬 위험 물질 리스트에서 항상 먼저 언급되는 플라스틱이며, 환경단체가 가장 싫어하는 플라스틱이기도 하다. 하지만 독일 바스프사의 DINCH나 한화케미칼의 Eco-DEHCH 같은 친환경 가소제도 개발되어 있고, 독자적인 친환경 PVC 시장도 존재한다. 국내 가소제 생산 기업은 PVC 제조사인 LG화학과 한화솔루션 그리고 애경케미칼 등이 있다.

걸렸기 때문이다. 1927년에는 폴리염화비닐(PVC) 벽지가 발명되었으며, 1936년에는 PVC용 최상의 가소제인 DEHP가 발견됐고, PVC는 미국 Union Carbide사에서 1936년 처음으로 상업화됐다.

1940년대부터 PVC의 사업화가 전세계적으로 이루어졌고 비닐(Vinyl)의 시대를 열었다. 1950년대까지는 PVC를 석탄을 원료로 하여 만들었으나[7], 1962년경부터 석유 분해로 얻어지는 에틸렌을 원료로 하는 EDC법[8]이 채용되어 석유화학 공업에 의존하게 된다.

폴리염화비닐(Polyvinylchloride, PVC)은 가성비가 매우 우수해 층간소음 방

7 이를 아세틸렌법이라고 한다. 석탄과 석회석으로 만든 칼슘카바이드를 물과 반응시켜 얻어지는 아세틸렌에 염화 수소를 부가하여 VCM을 만든다.

8 에틸렌과 염소 가스를 반응시키면 EDC(이염화 에틸렌)가 생성되고, EDC는 열 분해에 의한 염화수소 제거 공정에 의해서 VCM(염화 비닐)으로 전환된다.

 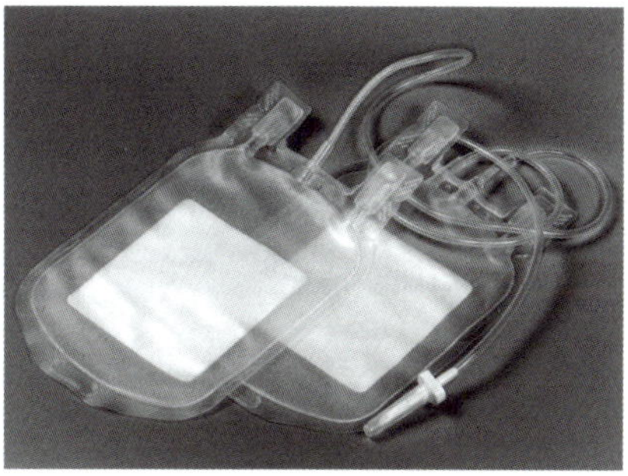

다양한 용도로 사용되는 PVC. 배관(왼쪽)과 혈액팩(오른쪽)
(출처: 왼쪽 pixabay, 오른쪽 anmbph / Shutterstock)

지 매트, 자동차 내장재, 인조가죽, 수도관, 벽지, 바닥재, 창틀에 이르기까지 다양한 용도로 널리 사용되고 있다. 원래는 딱딱한 경질이지만 가소제를 혼합하면 부드러운 연질 PVC가 된다. PVC가 개발되면서 상하수도의 파이프들이 PVC로 바뀌기도 했다. 국내에서는 LG화학과 한화솔루션 등이 PVC를 생산하고 있다. 한화솔루션은 국내 최초로 PVC를 생산하였으며, 에틸렌(여천NCC) → EDC → VCM → PVC로 이어지는 수직 계열화를 통해 경쟁력을 확보하고 있다.

비닐의 대명사 그리고 건자재의 제왕 PVC

가성비가 우수하고 Vinylite라는 상품명이 매우 유명해서 '비닐'이라는 명칭으로 가장 오래 전부터 애용되어온 플라스틱이 PVC이다. 또한 경질과 연질 PVC 제품 모두를 만들 때 가공이 용이한 장점이 있다. 따라서 주로 건자재나 토목자재에 대량으로 요구되어 '건자재의 제왕'이라는 별명도 붙었다. 1933년, 미국 시카고 박람회의 '미래의 집'에서는 가구, 원목 무늬의 바닥재, 실내용 벽재, 창틀로 PVC가 적용되어 플라스틱이 건축재로 범위를 넓히는 계기가 되었다. 특히 이전엔 나무와 철로 시공했던 창틀과 창문 섀시를 이때부터 PVC 소재로 시공하게 되었는데 단열과 소음 등의 문제를 크게 해소시켰다. 경질 PVC는 섀시, 파이프, 이음관 등 재료에, 연질 PVC는 호스, 전선 피복, 실내 바닥재, 벽지, 매트, 포장재 등에 쓰인다. 리모델링을 할 때 볼 수 있는 회색의 파이프가 바로 PVC이다.

천연 수지 셸락을 대체하다.

천연 수지 셸락은 무르고 쉽게 마모되었지만 토마스 에디슨에 의해 초기 축음기의 재료로 채용되었고, 음악을 녹음하는 초기 레코드판의 소재였다. 하지만 1950년대 PVC로 만든 비닐 레코드판이 등장하면서 팝뮤직이라는 거대시장이 형성되었다. 1951년, 최초로 PVC 시트 위에 마그네틱 선을 그린 신용카드가 등장했다. 한편, 병원에서는 깨지기 쉬운 유리병과 고무 튜빙이 더 위생적인 PVC 혈액백과 PVC 튜빙으로 대체되었다.

포장 랩의 원조 PVC 랩 그리고 S A R A N(사란)

플라스틱 분자 구조에 염소 원자가 존재하여 내화학성 및 내구성 등이 우수한 PVC는 포장에도 많이 응용된다. PVC는 투명할 뿐만 아니라 기체 투과도가 낮아 '배리어 특성'이 좋아서 식품 포장 및 수축 포장용 랩/필름에도 사용된다. 한편, 1939년 미국의 DOW Chemical사는 PVC의 사촌격인 PVDC(폴리염화비닐리덴) 필름의 공업화에 성공하고 육류를 비롯한 식품 포장용 하이배리어 포장재로서 'S A R A N'이라는 상품명으로 시판하게 된다(1946년). PVDC는 투명하고 질긴 특징이 있으며 가소제 없이도 연질 필름이 제조되어 식품 포장재로 대량 사용된다. PVC에 비해 고가이지만 우수한 수분 및 산소 차폐성을 갖는다.

| 여기서 잠깐 | 현업에서의 PVC 제조법

PVC(폴리염화비닐)는 VCM(비닐클로라이드, 염화 비닐)을 에멀션 중합(또는 유화 중합) 또는 서스펜션 중합(또는 현탁 중합)이라는 부가 중합의 특수 공정기술에 의해서 만들어진다. PVC의 현탁 중합은 VCM을 벤조일퍼옥시드 같은 개시제와 함께 미세한 분산 상태로 가압(加壓)·교반(攪拌)·가열하여 중합시킨다. 이 중합법으로는 흰 분말의 PVC 덩어리가 얻어진다. 한편, 에멀션 중합은 물에 유화제를 넣고 VCM을 유화시킨 후, 레독스 개시제를 가하여 중합시킨다. 에멀션 중합의 생성물은 라텍스 형태로 얻어진다.

20

유리를 대체한 아크릴 플라스틱과 양모를 대체한 아크릴 섬유

유리보다 단단한 유리의 대체제, 아크릴 플라스틱

1931년 독일 Rohm & Hass사의 오토 룀(Otto Rohm) 박사는 MMA를 부가 중합하여 얻어지며, '아크릴 유리'로 알려진 열가소성의 투명한 PMMA(폴리메틸메타크릴레이트) 시트를 개발하고 Plexiglas라는 브랜드(플렉시 유리)로 상품화하였다. 유리보다 훨씬 딱딱하고 빛을 통과하는 투명성이 가장 우수한 아크릴 플라스틱 기반의 유리 대체품이었다. 유리는 깨지면 파편이 비산되는데, 아크릴 플라스틱은 찢어지기는 해도 깨지지 않기에 초기에는 플라스틱 안경, 자동차 유리에 사용되었다. 2차 세계대전 중에는 군용 항공기 캐노피, 전투기의 노즈콘 등을 생산하는 데도 이용되었다. 또한 강화 플라스틱과 함께 보강된 PMMA시트는 1974년 처음으로 자동차 외관에 사용되었다. 그 밖에 비행기, 자동차, 조명기구, 수족관, 표지판, 가전제품에 유리 대신 사용되고 있고 광학렌즈, 광섬유 등의 정보 산업용으로 널리 응용된다.

| 여기서 잠깐 | 아크릴 수지

화학적 구조상 아크릴산(AA) 또는 메타크릴산(MAA)을 갖는 화합물을 주원료로 만들어진 수십종의 합성 수지를 총칭하여 아크릴 수지라고 한다. 여러 종류의 아크릴 수지 중 가장 대표격인 수지는 아크릴 유리로 알려진 폴리메틸메타크릴레이트(PMMA)이다. 한편 고흡수성 수지(super absorbent polymer, SAP)도 아크릴이다. SAP는 물을 빠르게 많이 흡수하는 특성이 있어 기저귀, 보냉팩 등에 사용된다. 빈 컵에 물을 넣고 뒤집으면 물이 없어지는 마술도 이 SAP를 이용한 속임수이다. 국내에서는 LG화학이 아크릴산(AA), 다양한 아크릴레이트(MA, EA, BA, 2EHA) 및 아크릴산을 중합시킨 폴리아크릴산(PAA) 등을 기초하여 기저귀용 SAP 수지 및 PMMA를 만든다. 한편, LG MMA는 MMA, PMMA, SMMA, BMA/MAA 등 다양한 아크릴레이트를, 롯데 엠시시는 MMA, PMMA, MAA, HEMA 등 다양한 아크릴레이트를 만든다. 롯데케미칼도 MMA를 생산한다.

양모보다 따뜻한 양모 대체제, 아크릴 섬유

아크릴로나이트릴(AN)은 1930년대 독일에서 나이트릴 고무 제조에 상업적으로 처음 사용되었고, 1940~50년대에는 아크릴 섬유(PAN섬유)의 개발로 용도가 확장되었다. 1959년에는 미국 Sohio사의 '암모니아 존재하에 프로필렌을 산화'시키는 전설적인 '가암모니아산화법(ammoxidation)'이라는 신공정이 개발되어 AN을 효율적으로 만들어서 현재에도 널리 사용되고 있다. AN은 염색성이 우수한 아크릴 섬유, 나이트릴 고무, ABS 수지, SAN 수지, 탄소섬유, 나일론 66의 중요한 중간체인 아디포나이트릴(ADN) 등의 제조에 널리 쓰인다.

아크릴 섬유라고도 불리는 PAN 섬유는 1942년 미국의 듀폰과 1950년 몬산토에 의해 제조되기 시작했다(Orlon 브랜드). AN을 부가 중합하여 얻어진 폴리아크릴로나이트릴(PAN) 수지는 가열하면 용융되기전에 분해되므로 용융 방사[9]가 불가능하다. 따라서 일반적으로 용매에 녹여 습식 방사하여 아크릴 섬유를 제조한다. 아크릴 섬유는 염색성이 좋은 편이며, 가벼울 뿐 아니라, 탄성과 강도가 크고 내후성 양모와 비슷한 촉감으로 인해 양복지, 쉐타, 모포, 카펫, 이불솜 등으로 사용된다. 솜보다 내구성이 더 좋으며 스웨터용 양모의 가장 좋은 대체 섬유이다. 우수한 난연성을 바탕으로 카펫, 커튼 등 집에서 쓰이는 다양한 제품에도 활용된다. AN을 생산하는 국내 기업으로는 태광산업과 동서석유화학이 있으며, 아크릴 섬유는 태광산업과 한일합섬이 생산한다.

| 여기서 잠깐 | 섬유의 분류

섬유는 크게 천연 섬유, 준천연(반합성) 섬유, 합성 섬유 이렇게 세 가지로 나뉜다. 천연 섬유는 자연에서 얻는 섬유를 말하며, 식물 유래의 목면과 마(셀룰로스), 동물 유래의 견(비단)과 양모가 있다. 준천연 섬유는 천연물을 변성하여 만들어지는 섬유로 셀룰로스 기반의 레이온과 무수 아세트산으로 개질한 아세테이트가 있다. 이 둘은 인공적으로 만든 섬유이지만, 원재료가 자연에서 유래하기에 합성 섬유가 아닌 재생 섬유(regenerated cellulose fiber) 범주에 들어간다. 합성 섬유는 석유, 석탄, 천연가스 등에서 추출된 화학 물질을 원료로 하여 인공적으로 만들어낸 섬유를 말한다. 폴리아마이드(나일론), 폴리에스터(PET 섬유), 아크릴(PAN 섬유), 폴리우레탄(스판덱스)이 대표적인 합성 섬유이다. 합성 섬유는 기능에 따라 의류용과 산업용으로 나눌 수 있는데, 보통 산업용 섬유에 훨씬 더 높은 내구성과 강도가 요구된다. 물리적인 길이에 따라 장섬유(filament)와 단섬유(staple fiber)로도 나뉘는데, 장섬유는 실, 단섬유는 장섬유를 뽑아서 짧게 잘라 가공한 솜을 의미한다.

9 고분자를 융점 이상으로 가열하여, 용융된 고분자로 실을 만든느 방법

| 여기서 잠깐 | 탄소 섬유(carbon fiber, CF) 그리고 CFRP

탄소섬유는 말 그대로 90% 이상이 탄소인 섬유다. 아크릴 섬유(PAN 섬유)는 탄소 섬유(carbon fiber, CF)의 원료가 된다. PAN 섬유를 1,000~3,000℃에 놓고 탄화 공정(산소, 수소, 질소 등의 원소가 빠져나가 탄소만 뼈대로 남는 것)을 진행하면 탄성과 강도가 매우 높은 탄소 섬유를 만들 수 있다. 나무를 태우면 탄소 덩어리인 숯만 남는 데서 알 수 있듯 탄소는 열에 강하기 때문이다. 이렇게 만들어진 탄소 섬유는 탄성과 강도가 급상승한다. 이 탄소 섬유를 일정한 방향으로 배열하고 에폭시와 같은 수지를 복합화한 후, 직물 또는 플라스틱 형태로 만들면 CFRP가 된다.

CFRP는 과중한 힘을 받는 산업용 부품의 보강재로 광범위하게 활용되며, 금속재료의 대체재로서 항공기 동체, 골프 샤프트 등으로도 쓰인다. 탄소 섬유를 제조하는 국내 기업으로는 효성첨단소재, 도레이첨단소재(일본 도레이 자회사)가 있다. 복합재료는 여러가지 재료를 조합하여 요구되는 특성을 가지도록 설계된 재료인데, 섬유를 플라스틱에 넣어 강도를 향상시킨 복합 재료를 섬유 강화 플라스틱(fiber-reinforced plastic, FRP)이라고 한다. 유리 섬유를 넣은 유리 섬유 강화 플라스틱(glass fiber reinforced plastic, GFRP)이 1세대였다면, 탄소 섬유를 넣은 탄소 섬유 강화 플라스틱(carbon fiber reinforced plastic, CFRP)은 2세대에 해당한다. 미국 보잉사가 B787을 개발하였을 때, 가장 공을 들인 부분은 항공기 동체의 소재였다. 무게는 강철의 4분의 1에 불과하지만 강도는 10배나 강한 CFRP의 비중을 50%(전체 중량 기준)로 늘렸다.

21

플라스틱의 형제, 탄성체(Elastomer)의 시작과 끝

탄성체(합성 고무, 엘라스토머)도 합성 수지다

고무(rubber)는 변형되고 회복될 수 있는 물질이며 엘라스토머(elastomer, 탄성체)로 불리기도 한다. 보통 원래 길이보다 적어도 2배 이상으로 늘어날 수 있고, 신장에 적용된 힘을 제거하면 재빨리 원래의 길이로 되돌아올 수 있는 물질을 말한다. 고무는 탄성이 필요한 바닥재, 접착제, 인조가죽, 충진제 등 여러 생활 분야에 사용된다. 특히, 합성 고무는 천연 고무에 비해서 내마모성, 내노화성, 내열성, 반발탄성, 기계적 특성이 우수하며 높은 탄성과 강성을 가진 합성 고분자 소재이기에 주로 타이어, 벨트, 등 산업용 제품에 활용되고 있다. 산업 부분별 천연 고무와 합성 고무의 사용 비중은 평균적으로 자동차용 고무 제품에서 약 35:65, 산업용 고무 제품에서 약 25:75, 생활용 고무 제품에서 약 70:30에 이르는 것으로 추정된다.

합성 고무는 천연 고무의 성능에 상당하는 성질을 가지며 생산량이 많은 '범용 고무'와 내열성, 내유성이 개선되고 여러가지 기능성이 가미된 '특수 고무'로 구분된다. 범용 고무에는 스타이렌 뷰타다이엔 고무(SBR), 뷰타다이엔 고무(BR), 아이소프렌 고무(IR) 등이 해당된다. 특수 고무에는 나이트릴 고무(NBR), 클로로프렌 고무(CR), 뷰틸 고무(IIR), 에틸렌 프로필렌 고무(EPDM, EPM), 아크릴 고무(ACM, ANM), 클로로설폰화폴리에틸렌 고무(CSM), 염소화 폴리에텔렌 고무(CPE), 에피클로로하이드린(CO, ECO) 고무, 실리콘 고무(Q), 불소 고무(FKM), 다황화 고무(T), 우레탄 고무(AU, EU), PVC 고무 등이 개발되어 있다.

다양한 합성 고무 중 중요하게 다루는 것은 자동차 타이어용 SBR 및 BR, 라텍스 위생 장갑용 NBR 등이다. 이들의 핵심 원료는 나프타의 열분해물인 C4 유분 중 C4 뷰타다이엔(BD)이다.

20 세기 탄성체의 발전사

합성 고무의 탄생에는 역사적인 배경이 있다. 2차 세계대전 전후 1935년에 천연 고무 공급이 어려워진 독일에서는 SBR 고무을 필사적으로 개발하여 중요한 군수물자로 사용되었다. 20세기에 들어서서는 가솔린 엔진에 의한 자동차 공업의 발전이 공기를 채운 타이어를 실용화시켰고 고무의 신규 수요가 급증하였고 합성 고무는 획기적인 발전을 하였다.

1839년 찰스 굿이어가 가황 천연 고무를 발명한 이래로, 최초의 완전 합성 고무는 1910년 독일인 Lebedev에 의해 실험실에서 합성되었다(양산화는 실패한다). 이후 1925년경 미국 듀폰의 과학자들은 아세틸렌으로부터 얻은 비닐 아세틸렌을 이염화 황과 반응시켜 '네오프렌(또는 클로로프렌)'이라는 합성 고무를 최초로 개발하였고, 1931년 상품화에 성공한다. 한편, 같은 기간 독일의 과학자들은 나트륨을 촉매로 뷰타다이엔을 중합시켜 뷰타다이엔(부타디

네오프렌 소재의 방수 기능을 활용한 다이빙용 수트

엔)의 '부(Bu)'와 나트륨의 '나(Na)'를 딴 부나(Buna) 고무를 개발하였다. 이후 1937년, 독일의 IG Farben industrie에서 뷰타다이엔 일부를 스타이렌으로 변경하고 중합시켜 '부나-S(Buna-s)'라는 새로운 합성 고무(오늘날의 SBR)를 개발하여 자동차 타이어를 만드는 데 사용하였고 중요한 군수물자가 되었다. 이에 지지 않으려 미국도 1942년 듀폰이 상품명 GR-S로 SBR 고무를 만들어서 양대륙에서 SBR이 탄생하게 된다. 이후, 스타이렌-아크릴로나이트릴(buna-N 또는 NBR) 고무(1937년), 아이소뷰틸렌-아이소프렌 고무(뷰틸 고무, 1940년) 폴리뷰타다이엔 및 폴리아이소프렌 고무(1959년), 에틸렌-프로필렌 공중합 고무(1960년), 스타이렌-뷰타다이엔 블록 공중합체 고무(1965년) 등 다양한 고무들이 발명되었다.

| 여기서 잠깐 | 최초의 합성 고무, 클로로프렌

클로로프렌(chloroprene rubber, CR)은 1932년, 미국 듀폰에 의해서 네오프렌(neoprene)이라는 상품명으로 소개된 고무 소재이다. 높은 강도를 가지는 기계, 자동차 부품에 적용이 가능하여, 최초로 상업적으로 성공한 합성 고무이다. 원래 잠수복 재료로 사용되었는데, 요즘엔 일반 의류에서도 CR을 사용하고 있다. 열에 강하며 가스 투과성이 적고 접착성이 우수하다. 또한 내후성, 내오존성, 내열성, 내약품성, 절연성 등이 좋아 전선 피복, 컨베이어 벨트, 방진 고무, 창틀 고무, 접착제, 고방수포 등에 두루 쓰인다. 뷰타다이엔을 염소화 반응시켜 얻은 클로로프렌을 에멀션 상태에서 부가 중합하면 클로로프렌 고무와 클로로프렌 라텍스가 만들어진다.

| 여기서 잠깐 | 대표적인 합성 고무, 스타이렌-뷰타다이엔 고무

대표적인 합성 고무 중 스타이렌-뷰타다이엔 고무(styrene-butadiene rubber, SBR)는 천연 고무 대비 내마모성, 내노화성, 내열성이 우수하고 값이 저렴하므로, 천연 고무 및 카본블랙과 함께 배합되어 자동차 타이어의 제조에 주로 사용된다. 이외에 산업용 벨트, 롤과 같은 기계부품용 고무 그리고 창틀 고무, 고무 방수품와 같은 건자재용 고무 등에 사용된다. 한편, SBR이 물에 분산된 에멀션 형태의 SB Latex는 접착력이 우수해 종이 코팅용 접착제, 카펫 등의 섬유용 접착제, 아스팔트포장 개질제 등에 주로 사용된다. SBR을 비롯한 대부분의 합성 고무는 모노머를 물에 분산된 형태인 에멀션(또는 라텍스) 상태에서 부가 공중합(뷰타다이엔과 스타이렌의 비율 ~76/24)하며, 물을 함유한 상태의 제품을 SB latex, 물이 제거된 고상의 제품을 SBR이라 부른다(사용 용도가 다소 다르다). 국내 고무 산업의 강자인 금호석유화학은 SBR(및 SSBR), BR, NB 라텍스를 생산하며, LG화학 역시 다양한 합성 고무 및 라텍스 제품군(SBR, SSBR, BR, SBS 등)을 가지고 있다. SBR을 이용해 만드는 타이어에 있어서는 미국의 굿이어, 프랑스의 미쉐린, 일본의 브릿지스톤, 우리나라의 한국타이어/금호타이어/넥센타이어가 유명하다.

I 여기서 잠깐 I 대표적인 위생 고무, 나이트릴-뷰타다이엔 고무

나이트릴-뷰타다이엔 고무(nitrile-butadiene rubber, NBR)는 내유성(기름에 의한 부식이나 손상에 저항하는 능력), 내화학성이 매우 뛰어나다. 이런 이유로 기름이나 연료를 운반하는 호스 등을 만드는 데 사용된다. NB 라텍스는 또한 주로 의료용 장갑이나 산업용 장갑을 만드는 데 쓰인다. 위생과 안전에 대한 중요성이 커지면서 더욱더 주목받고 있는 소재이다. 물에 분산된 에멀션 형태의 나이트릴-뷰타다이엔 고무제품은 NB 라텍스(nitrile-butadiene latex)라고 불리며 의료용 장갑의 원료이다. 국내의 금호석유화학은 범용 합성 고무에서 고부가 가치 합성 고무 제품군까지의 다양한 사업 포트폴리오(SBR, NBR & NB라텍스, BR, 등)를 갖추고 있다. 특히 라텍스 장갑의 원료인 NB 라텍스는 글로벌 1위이다. LG화학도 NBR 및 NB라텍스를 생산하고 있다.

I 여기서 잠깐 I 기타 고무

뷰타다이엔 고무(butadiene rubber, BR)는 다른 고무와 쉽게 블렌딩할 수 있고 내마모성, 반발탄성, 내노화성, 내수성이 우수하여 타이어, 벨트, 호스 등의 일반 공업 고무 제품 및 신발 등에 주로 사용된다. 아이소뷰텐-아이소프렌 고무(isobutene isoprene rubber, IIR)는 탄성은 적지만 기체를 차단하는 특성이 뛰어나다. 또한 내오존성, 내노화성, 전기 절연성이 우수해 타이어(겉 타이어는 SBR, 속 타이어는 IIR), 창틀 고무, 방음 재료 등의 용도로 사용된다. 앞서 언급한 고무 외에도 EPDM 고무(ethylene propylene diene terpolymer)는 강도와 극성 액체에 대한 저항성과 내후성이 좋고 고강도 반발탄성이 필요한 자동차 범퍼와 온도 변화를 견뎌야 하는 차체 고무 실링에 두루 쓰인다. 금호석유화학, 금호폴리켐이 생산한다. 클로로설폰화폴리에틸렌 고무(chlorosulfonated polyethylene rubber)는 내유성과 내식성이 좋다. 듀폰에서 Vamac이라는 상품명으로 개발된 아크릴 고무(acryl rubber)는 자동차의 엔진 룸과 같은 고온에서의 내유성이 좋으며, 뷰타다이엔, 에틸렌, 아크릴산, 아크릴산에스터 등으로 만들어진다. 1950년대 Kellog사에서 개발된 불소 고무(fluoroelastomer)는 플루오린화 아크릴산뷰틸을 중합하여 만들어진 고무(상품명 Kel F)로, 값은 비싸지만 내유성과 열안정성이 좋기 때문에 자동차 엔진용 호스 등의 고온용 내유성 고무로 쓰인다. 고도의 내열성과 내한성을 자랑하는 실리콘 고무(silicone rubber, 폴리다이메틸실록세인, PDMS), 전기적 특성이 좋고 천연 고무에 가장 가까운 아이소프렌 고무(isoprene rubber), 인장강도와 인열강도가 우수한 폴리우레탄 고무(polyurethane rubber, 일명 TPU; 폴리올을 디이소시아네이트와 반응시켜 만들며, 자동차 범퍼, 벨트, 인쇄롤, O링 등으로 사용된다) 등 다양한 고무 제품이 생산되어 판매되고 있다. 이밖에 국내에서 뷰틸 고무는 금호석유화학과 LG화학이 생산하며, DL(대림산업)의 자회사 DL케미칼은 PIB(폴리아이소뷰틸렌) 및 PB(폴리뷰텐)를 생산하고 있다.

22

일회용품의 제왕, 폴리에틸렌의 탄생(1933년)

에틸렌을 부가 중합한 폴리에틸렌은 플라스틱 왕 중의 왕이며 '산업의 쌀' '일회용품의 제왕' 이라고도 불릴 정도로 베스트셀러 플라스틱이다.

폴리에틸렌이란?

석유화학공업의 최고 인기 제품은 폴리에틸렌이라고 할 수 있다. 폴리에틸렌(polyethylene, PE)은 열가소성 플라스틱의 하나로 가볍고 유연하며, 왁스와 같은 느낌이 난다. PE는 단가가 싸고 물성이 좋아, 공업 재료부터 일용 잡화까지, 생활의 구석구석에서 사용되고 있는 범용 플라스틱이다. 우리가 거의 매일 사용하는 비닐봉지나 식품을 포장하는 랩(wrap) 역시 폴리에틸렌으로 만든다. 우유팩과 종이컵에는 안쪽에 PE가 코팅되어 있으며, 배달 음식을 담는 포장 용기부터 샴푸와 린스 등을 담는 통, 아이들 장난감, 전선, 심지어 방탄 헬멧과 펜싱 보호복까지 PE가 들어가지 않는 물건을 찾아보기가 어렵다. 이런 이유로 PE를 '산업의 쌀'이라고도 부른다.

폴리에틸렌의 발전사

1898년 독일의 한스 폰 펜치만(Hans von Pechmann) 박사는 석탄 화학을 연구하던 중 벌집의 밀랍 같은 형태의 물질을 발견하고 최초로 폴리에틸렌이라고 명명하였다. 그 당시에는 폴리에틸렌의 실용성이 없어서 금세 잊혔다. 1931년 영국 ICI(임페리얼화학공업사)의 화학자인 에릭 포셋(Eric William Fawcett)과 레지널드 깁슨(Reginald Gibson)은 에틸렌의 고압 반응에 관한 실험을 하는 동안 미량의 산소가 에틸렌에 흘러 들어갔는데, 과거 펜치만 박사가 관찰하였던 것과 같은 물질이 만들어지는 것을 발견했다. 2년 후인 1933년, 영국 ICI사의 마이클 페린(M. W. Perrin)과 존 스왈로(J. C. Swallow)는 3,000기압, 260℃의 조건에서 에틸렌과 소량의 산소로 만들어진 열가소성이자 저밀도인 폴리에틸렌(즉, LDPE)을 상업화하였다.

LDPE는 100% 탄화수소 기반의 유기 고분자이기에 전기적으로 완벽한 절연 성질을 띠고 있어서 전선 피복용으로 적합했다. 이 가볍고 고절연성의 폴리에틸렌(LDPE)은 레이더 설계에 혁명을 일으켜서 레이더의 절연성 고주파장치 부품으로 적용되었으며, 이로 인해 사이즈가 작아진 소형 레이더가 탑재된 영국의 전투기가 제2차 세계대전중인 1941년에 개발되어 독일의 야간 전투기와 유보트 잠수함을 격침하는 데 큰 활약이 있었다. LDPE는 오늘날에도 여전히 전력과 통신 케이블의 절연에 사용된다.

2차 대전 중에 우수한 절연성과 가볍고 질긴 물성을 인정받은 LDPE는 전쟁 후 듀폰, 유씨씨, 바스프 등 글로벌 기업들이 양산설비를 갖추고 연달아 대량생산하기 시작하였다. 1953년에는 지글러의 공헌으로 촉매 기술이 발전하여 고밀도 폴리에틸렌(HDPE)가 상업화되었다. LDPE보다 훨씬 딱딱하고 강한 HDPE는 샴푸통, 세제통, 표백제 용기 등 성형품 및 필름, 파이프 제조 등에 적용되었다. 1950년대에는 HDPE가 훌라후프에 쓰이게 되면서 장난감 산업을 점령하였다. 한편, 1959년, 스웨덴의 공학자 스텐 구스타프 툴린은 LDPE 기반의 비닐봉지(plastic bag)를 발명하여 비닐의 시대가 도래하게 되었다. 특히 필름 생산이 급속하게 증가해 농작물이나 부패되기 쉬운 식품, 섬유 제품 등 거의 모든 분야의 포장에서 폴리에틸렌 필름이 기존의 셀로판지를 대신하게 되었다.

국내에서는 한화종합화학에서 1972년 최초로 폴리에틸렌을 생산하였다. 국내에서 에틸렌은 LG화학, 롯데케미칼, 여천 NCC, 한화토탈, SK지오센트릭, 대한유화가 생산하며, PE를 잘 만드는 기업으로는 대한유화, DL(대림산업), 한화토탈, 한화솔루션, LG화학, 롯데케미칼, SK지오센트릭, GS칼텍스, 현대케미칼 등이 있다. 해외 기업으로는 엑손모빌, 다우듀폰, 시노펙, 사빅 등이 있다.

폴리에틸렌(PE)의 종류

본질적인 밀도의 차이로 PE를 분류할 수 있다: 저밀도(0.910~0.925), 중밀도(0.926~0.940), 고밀도(0.941~0.965)의 세 범주에 따라 PE는 고밀도 폴리에틸렌(high density polyethylene, HDPE)과 저밀도 폴리에틸렌(low density polyethylene, LDPE), LDPE를 개선한 선형 저밀도 폴리에틸렌(linear low density polyethylene, LLDPE)로 나뉜다. 그 밖에 초저밀도인 ULDPE, 울트라하이 분자량인 UHMWPE도 있다.

HDPE는 결정화도(90%)가 높아 반투명하며 고밀도(0.94~0.96)이면서 강도와 신축성이 우수하다. 우유병, 약품병, 캔, 드럼, 용기, 연료 탱크, 파이프, 전선과 케이블 재료, 필름, 리튬 배터리의 분리막 등의 원료로 사용되고 있다. 전자레인지 사용이 가능하다는 것도 특징이다. 저온, 저압 조건하에서 입체 특이성 촉매[10]에 의하여 에틸렌이 중합하여 실질적인 선상의 고분자가 얻어진다.

LDPE는 구조에 분지(分枝, branch)가 많아 결정성(결정화도 60%)이 낮고 저밀도(0.92~0.93)이면서 약간 투명한 유백색으로 소프트 왁스상의 감촉을 가진다. 강인하지만 강도는 HDPE보다 작으며 그다지 강하지 않다. 그러나 넓은 온도 범위에 걸쳐 내화학성과 전기절연성은 뛰어나다. LDPE는 투명성/유연성/가공성이 우수하여 농업용/포장용 필름, 지퍼백, 전선 피복, 각종 랩, 사출성형품 등의 재료로 쓰인다. 일회용 종이컵의 내부에도 물이 새지 않도록 LDPE가 얇게 코팅된다.

LLDPE는 LDPE와 HDPE의 단점을 보완한 중간 정도의 물성을 가지며 분지가 아주 적고 선 모양이다. 밀도는 0.92~0.93이어서 LDPE보다 강도가 높아 불투명 필름, 식료품 백, 아주 튼튼한 선박부대, 기저귀 안감, 농업용 필름, 물탱크, 식품용기, 가정용기 등의 재료로 사용된다. 1973년 UCC사에서 최초로 개발되었고, 국내에서는 한화종합화학에서 1987년 최초로 생산하였다.

I 여기서 잠깐 I 폴리에틸렌의 이웃 사촌들

폴리에틸렌은 다른 비닐계 모노머와의 공중합체로 많이 생산되고 있으며, 이들을 총칭하여 폴리올레핀이라고 부른다. 폴리올레핀은 광의의 표현이라 폴리올레핀의 카테고리 내에 폴리에틸렌, 폴리프로필렌 등의 부가 고분자가 위치한다. 또한 초산비닐(VAM)과 공중합시킨 에틸렌-초산비닐 수지(EVA), 에틸렌-아크릴산 수지(EAA), 에틸렌-프로필렌 수지 등이 만들어지고 있다.

10 1세대 촉매로는 지글러-나타 촉매가, 2세대 촉매로는 메탈로센 촉매가 쓰이고 있다. 현재의 공정에서는 대부분 메탈로센 촉매를 사용한다.

❙ 여기서 잠깐 ❙ 폴리에틸렌의 제조법

1939년 영국의 ICI사는 우연히 PE를 합성하였다. 매우 높은 압력에서 미량의 산소 하에서 에틸렌이 자유 라디칼 중합으로 제조된 것이며, 합성된 PE는 전선 코팅용으로 사용하였다. 이때는 짧은 분지나 긴 분지가 포함된 LDPE가 만들어졌고 밀도도 상대적으로 낮은 편이었다. ICI가 채택했던 250도 그리고 3,000기압의 아주 험한 반응 조건에서 폴리에틸렌을 만드는 방법을 현업에서는 고압법 또는 ICI법이라 한다. 이는 역사적으로 가장 오래된 LDPE용 에틸렌의 중합법이다(LDPE는 1,000~3,000기압의 고압 조건에서 만들기에 방폭 시설인 콘크리트 방호벽이 반드시 필요하다). 이후에는 HDPE 제조용 중압법(필립스법), HDPE 제조용 저압법(지글러법), LDPE 제조용 중저압법(기상법) 등 다양한 제조방법이 개발되어 왔다.

❙ 여기서 잠깐 ❙ HDPE의 탄생에 대한 지글러의 공헌

좋은 촉매(또는 개시제)를 이용하면 고온, 고압이 아닌 상온, 상압에서도 고분자를 합성할 수 있으며, 고분자의 물성도 향상시킬 수 있다. 1950년대 들어 다양한 촉매가 개발되기 시작했는데, 그 중에서 가장 손꼽히는 업적을 낸 이는 독일의 화학자 카를 지글러였다. 그는 1945년부터 막스 플랑크 연구소의 석탄화학 분야에서 근무하며 유기금속 화합물에 대한 연구에 관심을 가지게 됐다. 그러던 어느 날 우연히 트라이에틸알루미늄과 전이 금속인 사염화 타이타늄($TiCl_4$)을 조합한 촉매를 사용하면 90℃ 이하에서 상압의 조건으로 폴리에틸렌이 생성되는 것을 관찰했다. 얻어진 폴리에틸렌은 분자량이 300,000에 이르고 분지가 아주 적은 직쇄상의 PE였다. 그는 에틸렌의 고분지화 반응을 제어하는 방법을 알아낸 것이다.

1930년대 처음에 만들어진 폴리에틸렌은 곁가지가 많고 고압의 반응 조건을 필요로 했던 저밀도 폴리에틸렌(LDPE)였다. 하지만 지글러의 촉매로 합성된 폴리에틸렌은 곁가지가 없는 곧은 사슬로 이루어지며 저압에서도 만들 수 있는 고밀도 폴리에틸렌(HDPE)이었다. 저압법으로 폴리에틸렌을 제조할 수 있는 길을 연 이 기술은 고분자화학의 비약적인 발전을 이루는 계기가 되었다. HDPE는 1953년 지글러의 전이 금속 촉매의 개발로 저압하에서 생산하게 되었고 국내에서는 대한유화에서 1975년 최초로 생산하였다. HDPE 초창기에는 지글러 촉매 반응에 의해서 제조되었으나, 현재는 지글러 촉매의 발전된 차세대 물질인 메탈로센 촉매(사이클로펜타다이엔 리간드와 Zr과 같은 전이 금속으로 만든 샌드위치 구조의 물질의 총칭)에 의해서 제조되며 높은 결정성으로 인해 강성을 가진다.

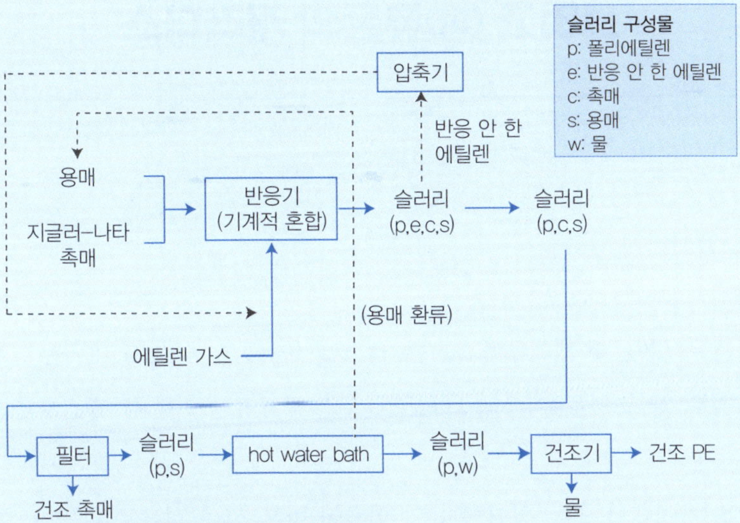

폴리에틸렌 칩

폴리에틸렌 펠렛

〈**폴리에틸렌 제조 공정도 예시**(출처: Andika Nur/Shutterstock)〉

23

나일론(1935년) 이야기: (한)효성의 조석래 그리고 (미)듀폰의 캐러더스

'섬유의 거인' 효성 조석래, 2024년 3월 29일 하늘의 별이 되었다. 필자는 이 글을 섬유 그리고 석유화학을 사랑하셨던 고 조석래 효성 명예 회장의 영전에 바친다.

섬유는 자연에서 얻는 천연 섬유와 인간이 만든 합성 섬유로 나뉜다. 합성 섬유는 석유, 석탄, 천연가스 등에서 추출된 화학 물질을 원료로 하며 '합성 수지 중합(polymerization) → 방사(spinning) → 연신(drawing)' 3단계 공정에 의해서 만들어진다. 폴리아마이드(나일론), 폴리에스터(PET 섬유), 아크릴(PAN 섬유), 폴리우레탄(스판덱스)이 4대 합성 섬유로 불린다. 이 중 3개(나일론, 폴리에스터, 스판덱스)를 손에 쥐었던 효성의 섬유 사랑 이야기를 합성 섬유의 개발 역사와 함께 살펴보고자 한다.

나일론의 개발

1935년, 듀폰의 연구원이자 '고분자 화학의 아버지'로 불리던 월리스 캐러더스가 아디프산(AA)과 헥사메틸렌디아민(HMDA)을 축합 중합해 나일론 수지를 만들었다(AA의 탄소 수는 6개, HMDA의 탄소 수도 6개였기에 이렇게 만들어진 나일론을 나일론 66으로 불렀다). 3년 뒤 이 수지를 이용해 인공 실크라 불리는 나일론 섬유가 출시되었고(1938년), 이를 이용해 만든 대표적인 제품이 바로 스타킹이다.

한편, 듀폰의 라이벌이었던 독일 기업 이게파르벤과 바이엘은 Nylon 66 수지 개발에서 이미 듀폰에게 뒤처졌기에 다른 방식으로 접근할 수밖에 없었다. 그리고 1940년, 마침내 분자 구조가 다른 고리 모양의 카프로락탐(CPLM)을 개발하는 데 성공하고, 이를 개환 중합해 또 다른 나일론을 생산하게 되었다. CPLM의 탄소 수 역시 6개였기에 이렇게 만들어진 섬유는 나일론 6로 불리게 된다.

나일론 66과 나일론 6은 성능 면에서는 차이가 없지만 생산 공정에서는 큰 차이가 있다. 먼저, 나일론 66은 나일론 610, 612 등 다양한 제품군으로 확장하기가 용이하다. 반면 나프타, 암모니아 및 유황을 원료로 만들어지는 나일론 6은 제품군을 확장하기는 어렵지만, 비료와 화약의 원료가 되는 황산 암모늄과 질산 암모늄을 부산물로 얻을 수 있었다.

우리나라의 나일론

대한민국은 1950~60년대의 산업화 과정에서 정부의 중화학공업 육성 정책에 따라 나일론 66과 나일론 6 중에 하나를 선택해야 하는 상황에서 나일론 6를 선택하게 된다. 당시는 농사의 비중이 컸기에 비료가 절실했고, 여전히 남북이 대치하는 휴전 상황이므로 무기도 필요했기 때문이었다. 1957년, 한국 최초의 나일론 생산 기업, 한국나이롱(훗날 코오롱)이 설립되었고, 1966년에는 전통의 섬유 라이벌 기업인 동양나일론(훗날 효성)도 설립되어 나일론 6

기반의 섬유를 우리나라도 본격적으로 생산하게 된다. 나일론은 가방이나 옷의 소재로도 엄청나게 많이 쓰였지만, 로프, 타이어 코드와 같은 산업용 소재로도 활용 범위가 크게 넓어지면서 동양나일론의 나일론 사업은 큰 성공을 거둔다. 현재 나일론 섬유는 효성티앤씨, 나일론 섬유 기반의 타이어 코드는 효성첨단소재가 생산한다.

대한민국 섬유 산업의 선두주자, 효성

효성은 나일론 섬유 사업의 대박에 만족하지 않았다. 비록 후발주자였지만, 또 다른 합성 섬유인 폴리에스터 섬유 사업도 빠르게 확장하였다. 폴리에스터 섬유는 나일론 섬유와 달리 주름이 잘 지지 않으며, 물 빨래가 가능하고 건조가 빠르다. 게다가 면이나 양모와 혼방성이 좋아 혼합 방사하여 옷감에도 쓸 수 있고, 극세섬유로는 인조피혁도 만드는 등 활용도가 높다. 섬유 역사적으로는 PET 합성 수지를 손에 넣은 영국 ICI가 미국 듀폰과 합작으로 PET 수지를 용융 방사하여 실크와 같은 촉감과 광택을 갖는 폴리에스터 섬유를 1953년에 최초로 상업화했다. 국내에서는 1969년, SK가 선경합섬(훗날 SK케미칼)을 세우고 일본 테이진(Teijin)과의 합작 기술로 폴리에스터 섬유를 최초로 만들었다. 1973년, 폴리에스터 섬유 생산을 위해 동양폴리에스터(훗날 동양나일론과 합병하여 효성이 됨)도 설립되고 효성의 섬유 사업은 더욱 번창하게 된다. 현재 폴리에스터 섬유는 효성첨단소재가 생산한다.

한편, 효성은 '섬유계의 반도체'로 불릴 만큼 고부가가치이며 고무줄처럼 늘어나는 섬유인 스판덱스로 대한민국 섬유업계의 최고봉에 이른다. 역사적으로 1927년 독일의 화학자 오토 바이엘이 폴리우레탄 수지를 최초 개발하고 1959년, 듀폰의 화학자였던 조셉 쉬버가 이 수지를 바탕으로 습식 방사하여 최초로 폴리우레탄 섬유(스판덱스)를 만들게 된다. 초기의 스판덱스는 의료용 스타킹 제조에 사용되었지만, 현재는 운동복, 요가복, 레깅스 등 신축성이 있는 대부분의 옷감에 사용되고 있다. 스판덱스는 태광산업이 일본 기업 기술을 빌려 1979년 국내 최초로 생산했지만, 스판덱스용 핵심 원료인 PTMEG와 스판덱스 섬유(상품명 크레오라)를 직접 제조하는 효성티앤씨가 1992년 자력으로 그리고 세계에서 4번째로 상업화에 성공하였고 현재 글로벌 1위 업체에 올랐다. 이후에도 효성의 섬유 사랑은 불에 타지 않는 아라미드 섬유와 철보다 강한 고강도의 탄소 섬유로 심화 발전한다.

대표적인 노동집약적 산업인 섬유산업은 인건비가 저렴한 산업화 초기의 신흥 개발도상국가만이 할 수 있다. 한국전쟁 후 가난했고 경공업에 편중됐던 시절인 1960년대에 시작한 효성의 섬유 초기 역사는 우리나라 경제 근대화의 역사였고, 효성은 1970~80년대 대한민국 섬유 수출 산업의 기둥이었다. 교수나 학자가 되고 싶었다던 고 조석래는 일본 와세다대학교에서 응용화학을 전공하고 미국 일리노이 공과대학원에서 화학공학 석사학위를 받은 공학도이자 엔지니어였다. 1966년 효성의 창업주이자 부친인 조홍제 회장의 부름을 받고 효성에 입사했으며, 과학 및 기술을 중시해 1971년 국내 민간기업 최초로 기술연구소(훗날 효성기술원)를 설립했고, 효성 그룹 전체 경영뿐 아니라 국내 재계에서도 중추적인 역할을 맡았다. 평소에 조석래 명예회장은 '안 되는 이유 백 가지'보다 '되는 이유 한 가지'를 더 중요하게 생각했을 만큼 도전 정신이 있는 기업인이었다.

필자는 '대한민국 섬유계의 별'이었던 조석래라는 남다른 기업가를 애도하며, 그분의 마지막 유언을 독자들에게 전한다. "국가와 국민을 위해 사업을 번창시켜라".

| 여기서 잠깐 | 국내 섬유화학업계 라이벌인 효성과 코오롱, 타이어코드에서도 경쟁하다

초기의 타이어는 고무로만 만들었다. 그러다 보니 내구성이 떨어지고, 쉽게 변형되어 수명이 짧았다. 그래서 등장한 것이 바로 타이어 코드(tire cord)이다. 타이어코드란 타이어의 안전성과 내구성을 높이기 위해 고무 내부에 넣는 보강재를 말한다. 1940년대에 보강재가 면에서 나일론으로 바뀌면서 타이어의 성능이 크게 향상되었다. 현재는 나일론이나 폴리에스터를 주로 사용하며, 고급 타이어나 고성능 타이어에는 '슈퍼 섬유'로 불리는 아라미드를 넣기도 한다.

기존 내연기관 승용차에는 나일론 및 PET 타이어코드가 사용되지만, 전기차, 수소차 등 친환경차는 무게가 내연기관차보다 무거워 내구성 강화를 위해 타이어코드를 10~20% 더 사용해야 한다. 이런 상황에서 지지력, 저소음, 내마모성이 뛰어난 초고성능 타이어에 적용 가능한 HTC가 차세대 제품으로 주목받고 있다. HTC는 하이브리드 타이어코드(hybrid tire cord)의 약자로, 아라미드 섬유와 나일론 섬유를 함께 꼬아서 만든 타이어코드 제품이다. 섬유화학업계 치열한 라이벌인 효성과 코오롱은 전통적인 나일론 및 폴리에스터에서 시작해 타이어코드에 이르기까지 한 치의 양보도 없는 혈전을 벌여왔다. 하지만 양사가 글로벌 기업으로 성장하는 데 있어 서로의 존재가 큰 원동력이 됐음을 부인할 수 없다. 글로벌 타이어코드 시장에서 '톱 티어' 기업은 국내의 효성첨단소재와 코오롱인더스트리이다. 특히 효성첨단소재는 PET 타이어코드, 나일론 타이어코드, 스틸코드 3대 타이어코드 모두 생산하는 유일한 기업이다. 글로벌 타이어 제조사인 브리지스톤, 미쉐린, 굿이어, 한국타이어 등에 납품한다.

비운의 화학자였던 월리스 캐러더스와 나일론

나일론 섬유 개발 역사는 캐러더스로 거슬러 올라간다. 1927년 듀폰의 화학부서장 엘머 볼튼(Elmer Keiser Bolton)은 당시 하버드 대학의 화학자였던 월리스 캐러더스(Wallace Carothers)를 고용하고 'Fiber 66'으로 이름 붙여진 비밀 개발 프로젝트를 시작했다. 당시에는 독일의 화학자 헤르만 슈타우딩거의 거대 분자론(1920년) 개념이 이미 학계에 발표된 후였고 많은 유기 화학자들이 다양한 단량체와 촉매, 그리고 적절한 온도와 압력으로 새로운 고분자를 만들려고 도전하던 때였다. 캐러더스도 순수한 합성 연구를 수행하기 위해 채용되었으며 새로운 물질의 분자 구조와 물리적 특성을 이해하려고 노력했다. 유기화학 연구소장 직책의 캐러더스와 그의 팀은 폴리아마이드 6,6과 4,6을 포함하여 다양한 폴리아마이드를 합성했다. 결국 1935년에 완성도가 높은 폴리아마이드 6,6(나일론 6,6) 수지를 합성하는 데 성공한다. 그리고 3년 뒤 이 수지를 이용해 용융 방사(melt spinning)하여 인공 실크라 불리는 나일론 섬유가 개발되었고(1939년), 이 나일론 섬유를 이용해 만든 대표적인 제품이 바로 스타킹이었다.

'거미줄보다 가늘고 강철보다 질긴 기적의 실', 그리고 '석탄과 공기와 물로 만든 섬유'라는 광고 문구와 함께 스타킹은 출시하자 마자 엄청난 성공을 거둔다. 뉴욕의 백화점 앞은 나일론 스타킹을 구매하기 위한 사람들로 발 디딜 틈이 없었으며 듀폰은 1940년 한 해 동안 나일론 스타킹을 팔아 900만 달러를 벌어들인다. 나일론의 강인한 물성으로 인하여 여성용 스타킹뿐 아니라 1939년의 최초의 나일론 칫솔, 1940년의 최초의 나일론 낙하산이 연달아 개발되었다.

| 여기서 잠깐 | 나일론과 2차 세계대전

최초의 낙하산은 1595년 베네치아의 발명가 베란치오가 발명하였다. 현대적 낙하산은 1912년 러시아 과학자 코넬니코프가 당시로서는 가장 강한 섬유였던 천연 섬유 실크(비단)를 이용하여 개발했고, 1차 세계대전 때 비행기 조종사의 탈출용으로 보급됐다. 1930년대는 일본이 전 세계 실크 시장의 80%를 장악하고 있던 시절이었다. 2차 세계대전이 발발하고 미국의 적이 된 일본은 실크의 전면 수출을 금지하게 된다. 하지만 전쟁 직전에 나일론 섬유가 개발되었고, 1941년 미국이 2차 세계대전에 참전하면서 자연스럽게 실크 낙하산을 대체했다. 전쟁 중 나일론 섬유는 우수한 방수/방풍 기능 덕에 낙하산뿐만 아니라 텐트, 로프, 방탄조끼, 전투복 및 군용 물품 등에도 사용되었다. 전쟁 후에는 의복, 가구, 양탄자, 벨크로, 타이어코드, 재봉실, 현악기의 줄, 테니스 라켓의 줄, 낚싯줄, 밧줄, 어망, 카펫, 에어백용 원사 등의 다양한 형태로 응용이 확장되었다.

정작 나일론 섬유의 발명자이자 탁월했던 유기화학자, 그리고 시와 클래식 음악을 사랑했던 캐러더스 박사는 극심한 우울증에 시달리다 나일론의 상용화도 보지 못하고 1937년 필라델피아 호텔방에서 자살했다. 캐러더스는 나일론뿐 아니라 최초의 합성 고무인 네오프렌도 개발하였으며, 훗날 중요한 고분자인 폴리에스터 연구에도 상당한 기여를 한다. 누구나 인정하는 확실한 노벨상 수상자를 안타깝게 잃은 셈이다.

| 여기서 잠깐 | 나일론 66과 나일론 6의 제조법

폴리아마이드(polyamide, PA)는 아마이드 결합인 –CONH–로 연결된 중합체의 총칭이다. 다이아민과 2가산의 축합 중합으로 얻을 수 있다. 지방족 폴리아마이드, 방향족 폴리아마이드, 지방족 고리 폴리아마이드로 분류된다. 나일론은 듀폰의 상품명이지만 오랫동안 널리 사용되다 보니 이제는 거의 일반 명사처럼 쓰이고 있으며 폴리아마이드(PA)를 의미한다.

지금은 석유로부터 나일론을 만들지만 초기의 듀폰은 나일론 섬유의 원료를 석탄으로부터 얻었다. 사이클로헥세인(CH)과 큐멘으로부터 아디프산(adipic acid, AA)을 얻었고, 뷰타다이엔(BD)과 암모니아로부터 헥사메틸렌다이아민(hexa-methylenediamine, HMDA)을 각각 얻었으며, AA와 HMDA를 축합 중합하여 PA 66(polyamide 66 또는 Nylon 66)를 제조하였다. AA와 HDMA의 탄소수가 모두 6

개였기에, 이로부터 얻어진 폴리아마이드를 PA66으로 명명한 것이다. 상품명 나일론을 사용하여 나일론 66라고도 한다. 아디프산은 사이클로헥세인의 공기 산화에 이어서 계속 질산으로 산화시켜 만들어진다. 아크릴로나이트릴은 산화 결합에 의해서 아디포나이트릴로 전환되며, 이를 환원시키면 헥사메틸렌다이아민이 만들어진다. '아디프산(AA)/아크릴로나이트릴(AN)/아디포나이트릴(AND)/헥사메틸렌디아민(HMDA)'은 화학공정에서 중요한 '나일론 66 중간체'로 따로 관리된다.

한편, 탄소수 6의 AA와 탄소수 6의 HMDA 원료 기반의 나일론 66 수지 개발에서 듀폰에 크게 뒤쳐진 독일의 이게파르벤과 Bayer는 나일론 수지 개발을 다르게 접근할 수밖에 없었다. 그 결과, 동일하게 탄소수는 6이지만 분자 구조는 다른 카프로락탐(caprolactam, CPLM)을 원료로 개환 중합하여 나일론 6를 만들었다(1940년). 방향족 BTX 중의 벤젠을 수소로 환원시킨 사이클로헥세인(CH)을 공기 산화시켜 만들어지는 사이클로헥산온을 하이드록실아민설페이트, 황산, 암모니아와 반응시키면 카프로락탐이 만들어지는데 부산물로 상당량의 황산 암모늄과 질산 암모늄이 생긴다(카프로락탐 1톤당 약 4.5톤의 황산암모늄이 병산).

이외에도 나일론 46, 68, 69, 610, 612, 1212, 7, 10, 11, 12, 6T 등 다양한 종이 있는데, 나일론 66와 6가 전체 나일론 시장의 90%를 차지하고 있다. 국내에서 나일론 수지 및 필름은 효성화학과 코오롱플라스틱이, 나일론 섬유 및 타이어 코드는 효성첨단소재가, 나일론 6의 원료인 사이클로헥세인은 SK 종합화학이, CPLM(카프로락탐)은 카프로(구 한국카프로락탐)가 제조하고 있다.

I 여기서 잠깐 I 나일론은 섬유뿐 아니라 플라스틱의 원료이다.

나일론 66(PA-66)와 나일론 6(PA-6) 수지는 처음에는 섬유용으로 개발되었지만 중요한 플라스틱 원료로도 사용된다. 나일론은 벌크 형태로 내마모성, 윤활성 및 내약품성이 뛰어나며 특히 오일을 함침시킨 경우 사용되는 기어, 베어링, 부싱을 제작하는 데 주로 적용되고, 나일론의 특성 상 수분 함유량이 높아 주로 전기적 특성이 요구되지 않은 자동차용 내외장재로도 널리 사용되고 있다(자동차 엔진커버, 도어 핸들, 피봇, 오일필터커버, 모터 캡, 안전 벨트, 전기전자제품 스위치, 보빈, 하우징, 커넥터 등).

| 여기서 잠깐 | 아라미드

미국의 여성 화학자인 스테파니 퀄렉(Stephanie Kwolek)은 듀폰에서 근무하였을 때인 1965년에 '섬유혁명의 완성판'이라 불리우는 케블라를 발명하였다(1970년 상품화). 케블라는 아라미드 섬유로, 나일론 섬유의 고급형에 해당한다. 자동차도 들어올릴 만큼 강도가 높고 500℃ 이상의 고열에도 견딜 수 있어서 '마법의 실'로 불리며, 같은 무게의 강철보다 5배 강한 슈퍼섬유이다. 방탄복/광케이블/벨트/항공기/타이어 보강재 등 다양한 분야에 사용되고 있다.

앞서 개발된 나일론 66와 6는 지방족 폴리아마이드(aliphatic polyamide)의 범주에 속한다. 한편, 더 높은 강인성과 탄성을 가지며 사용 온도가 200℃ 이상인 방향족 폴리아마이드(aromatic polyamide)를 아라미드라고 한다. 이것으로 만든 아라미드 섬유로는 노멕스(Nomex)와 케블라(Kevlar) 2종류가 있다.

1972년 듀폰이 개발한 케블라는 파라페닐렌다이아민과 테레프탈산(TPA)으로부터 유도된 테레프탈로일클로라이드를 반응시켜 얻어지는 폴리아마이드 수지[poly(p-phenylene terephthalamide)]를 습식 방사하여 제조된다. 한편, 1961년에 개발된 노멕스는 아이소프탈로일클로라이드와 메타페닐렌다이아민으로부터 제조되는 섬유이다. 아라미드, 특히 케블라는 1/5의 무게로 강철만큼 강한 강도를 보이며 500℃급 내열성, 고온 치수안정성, 난연성, 내염성, 전기절연성, 내피로강도가 높아서 항공기 내장재, 방탄 조끼, 소방대원과 용접공의 방화복, 타이어 보

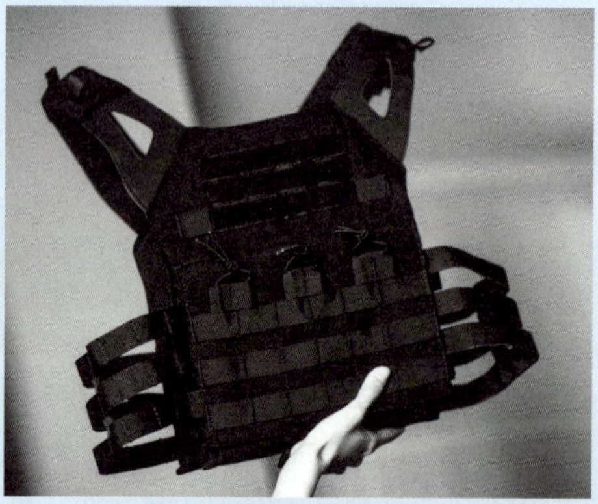

케블라로 만들어진 방탄복(왼쪽)과 노멕스를 활용한 방화복(오른쪽)

(출처: MBLifestyle / Shutterstock, NUR FANDILAH / Shutterstock)

강, 굴뚝 여과필터, 낚시줄, 선박계류용 로프와 직포용, 방탄 헬멧, 낙하산, 전기 모터와 변압기의 절연필름, 건축 자재 FRP 보강재로 널리 사용된다. 듀폰이 아라미드를 최초로 개발하였고, 일본의 테이진(상품명 Conex)도 생산하며, 국내에서는 코오롱인더스트리(헤라클론), 효성첨단소재, 휴비스, 도레이화학(한국)이 제조한다.

| 여기서 잠깐 | 아라미드 실은 어떻게 만드는가?

합성 수지는 섬유상으로 가공할 수 있는데 압출기를 통해 수지 용융체를 압출하여 작은 구멍을 가진 방사 노즐기 속으로 통과시킨 후 차가운 공기로 냉각, 고화(즉, 용융 방사)시키고 이를 연신하여 섬유를 만든다. 폴리에스터와 나일론 합성섬유는 이와 같은 경제적인 용융 방사에 의해서 제조되지만 불가피할 경우에는 건식 또는 습식 방사 방법으로 섬유를 제조하기도 한다. 습식 방사는 용융 방사가 곤란한 수지를 먼저 용매에 녹여서 만든 수지 용액을 비용매가 채워진 응집조에서 방사, 고화시키고 이를 연신하여 섬유를 제조하는 방법이다. 아라미드 섬유는 습식 방식을 따른다.

㉔

초산 비닐 수지의 탄생(1936년)과 조선의 과학자가 만든 비닐론 섬유

초산 비닐 수지와 폴리비닐알코올 수지의 개발

에틸렌을 초산 및 산소와 반응시키면 초산 비닐(vinyl acetate, VAM)을 얻을 수 있고, 이를 부가 중합하면 초산 비닐 수지(polyvinyl acetate resin, PVAc, 폴리비닐아세테이트)를 만들 수 있다. PVAc는 부드럽고 낮은 연화점(유리 전이 온도 30℃)을 가져 성형 플라스틱 제품에는 응용이 제한되지만, 이를 용매나 물에 녹이거나 분산시킨 후 코팅하고 건조시키면 쉽게 도막으로 얻어진다. 이 성질을 이용하여 PVAc를 도료나 접착제의 원료로 적용할 수 있다. 이와 같이 PVAc는 비교적 점착성과 접착성이 우수하여 본드와 같은 접착제나 수성 에멀션 페인트, 추잉껌의 원료, 종이 가공제, 수지 개질제, 콘크리트 개질제 등으로 사용된다.

한편 PVAc를 알칼리로 가수분해(또는 비누화 반응)하면 폴리비닐알코올(polyvinyl alcohol, PVA)이 만들어지는데, 수용성이라 물에 녹여 물풀 또는 액체 괴물과 같은 장난감을 제조할 수 있고, 의료용 및 공업용 합성 섬유인 비닐론(vinylon)의 원료로도 사용된다. 한편, PVA를 개질한 PVB(폴리비닐뷰티랄, 1936년)은 투명하면서도 강인한 필름으로 제작되기에 자동차 유리와 같은 비산이 되지 않는 안전유리 제조에도 쓰인다.

합성 섬유 비닐론

비닐론(vinylon)이라고도 불리는 PVA 섬유는 산업 초기에는 생석회와 석탄으로부터 만들었고 현재는 석유로부터 만들 수도 있다. PVAc를 가수분해하여 얻어진 PVA를 포르말린으로 아세탈화하고, 개질(아세틸화)된 PVA 수지를 방사 및 연신하여 비닐론 섬유를 만든다. 친수성 재료인 PVA를 기반으로 만들어진 섬유인 비닐론은 합성 섬유 중 흡습성이 가장 좋고, 인장 강도, 마찰 강도도 우수하고 정전기가 덜 발생한다. 주로 작업복, 학생복, 어망, 로프, 가방 끈, 벨트 등 다양한 분야에서 이용된다.

조선의 과학자, 이승기는 누구인가?

1938년 듀폰에서 나일론 섬유를 출시하자 일본은 발칵 뒤집혔다. 당시 일본은 세계 실크 시장의 80%를 차지했는데 '인공 실크'로 불리는 나일론이 상품화되자 자국 내 실크 시장이 붕괴될까 위기감을 크게 느낀 것이다. 한편, 1939년 9월 29일 조선일보는 교토제국 대학교의 조교수이자 조선의 과학자인 이승기가 나일론에 이어 역사적으로 2번째 합성 섬유인 비닐론 기술을 완성했다는 소식을 대서특필했으며, 세계적으로도 큰 화제를 불러 일으켰다. 일본의 2차 세계대전 패망 후, 이승기 교수는 귀국하여 서울대 공대 학장을 맡으면서 후학을 양성하였다. 그러나 6.25 전쟁 때 흥남 화학시설을 이용하여 비닐론 섬유 공장을 세워주고 적극적으로 가동하게 해 주겠다는 집요한 월북 권유에 결국 발길을 북으로 향했다. 그는 비닐론 섬유 합성 공정을 지속적으로 연구, 개량한 끝에 드디어 1961년 비닐론을 연간 1만 톤 생산하는 공장이 북한에 만들어지며 상용화되었다. 이 같은 공로로 같은 해 사회주의권의 노벨상이라는 레닌상을 받으며 세계적인 과학자로 자리매김했다. 1996년 그가 사망했을 때 국장이 치러지기도 했다.

25

가성비 좋은 폴리스타이렌(1936년) 그리고 스티로폼(1954년) 탄생하다.

독일 바스프와 미국 다우케미칼의 합작품, 폴리스타이렌(PS) 발전사

1839년 독일의 약사 에듀워드 사이먼(Eduard Simon)은 우연히 스타이렌 물질을 얻었고 이것이 공기 중에서 산화되어 굳어진 폴리스타이렌(PS)을 관찰하였지만 제대로 이해하지는 못했다. 1936년 독일의 바스프(BASF)사에서 매우 실용적인 PS을 상업화하는 제조 방법[11]을 개발하였다. 오늘날 PS는 다양한 모양과 색상의 플라스틱 제품을 만드는 데 사용되며, 저렴한 가격 덕분에 식기류부터 CD케이스까지 다방면으로 사용되고 있다. 그 밖에 각종 고주파 특성이 우수해야 하는 전자 제품의 하우징(라디오, 텔레비전 케이스) 등에 사용된다.

한편 공기를 넣어 팽창시킨 발포 PS(일명 스티로폼)는 대표적인 단열 플라스틱이다. 이러한 폴리스타이렌의 발포체는 1954년 독일 바스프사의 화학

11 벤젠과 에틸렌으로부터 에틸벤젠(EB)을 만들고, 이를 탈수소화하여 스타이렌을 제조한다. 이 스타이렌을 부가 중합하면 PS가 합성된다.

자 프리츠 스태스트니(Fritz Stastny)에 의해 처음으로 발명되었으며, 최초의 단열 플라스틱이기에 가장 성공적인 플라스틱 중의 하나로 세상의 이목을 집중시켰다(상품명 스티롤). 한편 바스프의 맞수였던 미국의 다우케미칼도 경쟁적으로 PS를 개발하였고(1937년), 스타이론(Styron)이라는 상품명의 PS 발포체(Ray McIntire 발명, 1954년)도 출시하였는데 최대 98%의 공기로 이루어져 있으며 견고하고 내구성이 뛰어났다. 1964년에는 쿠웨이트 항구에 화물선이 침몰하였는데 2,500 m^3 스타이론을 이용해서 들어 올리는 장관이 연출되기도 했다.

발포 PS는 현재에 이르러 건축용 단열재, 완충제, 부력재, 방음재, 컵라면 용기와 같은 포장재의 재료로 친숙하게 사용되고 있다. 국내에서 PS를

| 여기서 잠깐 | 세계 최대의 화학 기업 바스프(BASF)

독일 대표 화학 기업 바스프는 1865년, 독일에서 설립된 세계 최대의 종합 화학 기업이다. 시작은 합성 염료였으나, 1912년 합성 비료를 대량생산하는 데 기폭제 역할을 한 하버-보슈 공정을 발명하면서 크게 성장한다. 바스프의 후원을 받았던 독일 카를스루에 공과대학의 교수였던 프리츠 하버(Fritz Haber)가 공기 중 질소를 이용해 비료의 핵심 원료인 암모니아를 합성하는 데 성공하고, 이후 바스프의 연구원이었던 카를 보슈(Carl Bosch)가 공장에서 대규모로 암모니아를 생산해내면서 합성 비료의 시대가 열리고 바스프는 발전한다.

하지만 2차 세계대전 당시 독일의 전쟁 물자 생산에 참여하면서 전쟁 이후 전범기업으로 낙인 찍힌 바스프는 큰 어려움을 겪는다. 이후 바스프는 1951년에 백색 발포 입자로 잘 알려진 스티로폴(발포 폴리스타이렌)을 세계 최초로 개발해 큰 성공을 거두었고, 나일론을 비롯한 다양한 제품을 생산하며 전후 독일 경제가 다시 일어서는 데 큰 역할을 한다. 현재는 전 세계 약 350여 개의 공장에서 8,000여 개의 제품을 생산하고 있다. 현재는 다양한 엔지니어링 및 생분해성 플라스틱을 주요 사업으로 하고 있다.

만드는 대표적인 기업으로는 LG화학, 롯데케미칼, 한국바스프, 금호석유화학, 현대EP 등이 있다.

한편, 1948년에는 PS의 차세대 제품으로 볼 수 있는 ABS가 탄생한다. 아크릴로나이트릴(AN)과 뷰타다이엔(BD), 스타이렌(SM)을 공중합한 아크릴로나이트릴-뷰타다이엔-스타이렌 수지(ABS)는 내충격성이 강하며, 1953년 개발된 폴리카보네이트(PC)와 함께 다양한 제품의 외장재로 폭넓게 쓰인다. 현재 전자기기와 가전제품의 외장재는 대부분 PC나 ABS로 만들며, 이 둘을 섞어서 쓰기도 한다. ABS는 LG화학, 롯데케미칼, 한국이네오스스티롤루션, 금호석유화학, 바스프 등에서 생산된다.

폴리스타이렌의 Family

폴리스타이렌은 비결정성 열가소성 수지로 스타이렌만 부가 중합시킨 일반용 폴리스타이렌(general purpose PS, GPPS), 스타이렌 단량체의 중합시에 폴리뷰타다이엔을 첨가하여 내충격성을 개선한 내충격성 폴리스타이렌(high impact PS, HIPS) 및 일반용 폴리스타이렌과 내충격성 폴리스타이렌을 혼합한 혼합 폴리스타이렌(MIPS) 등이 있으며, 전기공업분야, 가구, 건자재, 생활용품 등 광범위한 분야에서 사용하고 있다.

한편, 발포제를 포함하여 컵라면 용기, 일회용 컵, 등에 쓰이는 발포성 PS(expanded PS, EPS, 스티로폼)도 있다. PS는 투명하고 내열성도 좋아서 많은 용도에 응용할 수 있지만 충격에 매우 약한 결점이 있어서 합성할 때 다른 성분을 같이 사용하든지(공중합), 고무와 같은 내충격성이 좋은 수지와 블랜딩하기도 한다. 따라서 스타이렌은 기타 다른 모노머 원료(뷰타다이엔, 아크릴로나이트릴 등)와도 부가 공중합되어 SBR, SBS, SAN, ABS, Unsaturated Polyester 등의 비교적 다양한 PS Family가 만들어진다.

| 여기서 잠깐 | GPPS란?

스타이렌 단량체를 단독 중합하여 얻어지는 열가소성의 일반 폴리스타이렌(GPPS)은 고도의 광택을 내며, 비결정성이기에 무색 투명성[12]을 가지는 견고하고 표면 경도가 큰[13] 재료이다. 광범위한 착색도 용이하며, 만들어진 성형품은 낮은 흡수성과 양호한 전기절연성이 있다. 전기적 성질은 극히 우수하여 플라스틱 중에서 최고의 부류에 속한다. 다만 내광성은 떨어져 직사 일광하에서 점차 황색으로 변하고 열화하지만 자외선 흡수제, 항산화제를 배합한 내광성 그레이드는 실용상 충분한 내광성을 갖는다. 그러나 내충격성과 내후성이 빈약하기에 값싼 제품의 용도에 국한해서 범용으로 사용되며, 생활용품, 장난감, 전기절연체, 라디오, 텔레비전 케이스, 포장재 등에 적용한다.

| 여기서 잠깐 | HIPS란?

스타이렌만 중합시킨 PS는 투명하고 내열성도 좋아서 많은 용도에 응용할 수 있지만 너무 딱딱하고 깨지기 쉽다(취성). 그래서 고무와 같은 충격보강제를 혼합해 사용한다. 그중 스타이렌과 뷰타다이엔을 같이 공중합시킨 HIPS는 인성이 매우 좋아서 내충격성이 우수하다. 화학적으로는 폴리뷰타다이엔 고무를 먼저 합성한 다음 스타이렌에 녹여 그래프트 중합 반응을 함으로써 만들어진다. 이 과정에서 폴리뷰타다이엔 분자들이 작은 고무상으로 폴리스타이렌 매트릭스에 잘 분산되어 내충격 물성이 나오게 된다. HIPS의 대표적인 적용 제품은 뿌연 야쿠르트 병이다.

---

12 GPPS의 가시광선 투과율은 아크릴 수지 다음으로 크다.

13 GPPS의 인장강도와 탄성률은 유리와 비슷하다.

| 여기서 잠깐 | 발포 폴리스타이렌이란?

보온과 보냉을 위한 단열재(발포성 플라스틱)로는 흔히 스티로폼(styrofoam)이라고 불리는 폴리스타이렌 발포 제품(EPS)이 가장 유명하다. 스타이렌 단량체를 6~7% 정도의 발포체(펜테인)와 함께 중합하면 만들어진다. EPS로 만들어진 스티로폼은 우수한 에너지 흡수, 부력, 단열 특성과 가격이 저렴하여 배달용 포장박스, 냉동 음식의 포장재, 부력재, 단열재, 전기절연재, 방음재 등에 다양하게 적용되며, 건축 산업에는 필수적인 소재이다. EPS보다 고급형의 발포 플라스틱으로는 EPP(expanded polypropylene, 충격 강도가 높고 내화학성이 좋아 범퍼 코어나 선바이저 같은 자동차용 부품 및 무릎 쿠션 등으로 활용되는 폴리프로필렌 발포체)와 PU Foam(polyurethane foam, 가정용이나 침대용 매트릭스에 잘 활용되는 폴리우레탄 폼), 멜라민 폼, 페놀 폼 등이 있다.

| 여기서 잠깐 | SAN 수지란?

PS의 부족한 물성인 취성(소재에 힘을 가했을 때 늘어나거나 휘어지지 않고 갑자기 파괴되는 성질)을 보완하기 위한 방법으로 두 종류 이상의 단량체를 동시에 사용하여 중합하는 공중합 기술이 있다. 강도가 좋은 스타이렌(SM)과 내열성, 내화학성을 나타내는 아크릴로나이트릴(AN)을 공중합하여 SAN이라는 공중합체 수지를 만들 수 있다. SAN은 안정성이 좋아 냉장고의 육류와 야채 서랍, 진공청소기/가습기의 부품 등의 제조에 사용된다. 국내 SAN 제조업체로는 금호석유화학이 있다.

| 여기서 잠깐 | ABS 수지란?

일반 폴리스타이렌 수지의 결점과 SAN 수지의 약점을 한꺼번에 해결한 ABS 수지는 아이보리색의 반투명한 수지이다. 치수안정성이 뛰어나고 가공성이 좋아서 사출성형, 압출성형, 취입성형, 캘린더 가공 등 모든 가공법이 적용될 수 있다. 이에 따라 아름다운 광택을 갖는 플라스틱 성형품이 만들어진다. 또한 모든 플라스틱 중 가장 도금하기 쉬운 재료라는 것도 커다란 장점이다. 내열성, 높은 강도, 내화학성을 나타내는 아크릴로나이트릴(AN) 단량체를 제 1성분, 충격강도, 강인성, 저온에서의 특성 유지가 좋은 뷰타다이엔(BD) 단량체를 제 2성분, 광택성, 가공성, 강도가 좋은 스타이렌(SM) 단량체를 제 3성분으로 하여 공중합하여 만들어지는 삼원 공중합체(terpolymer)가 ABS 수지이며 열가소성 엔프라급의 수지이다. 탄성이 강하면서 강도가 센 ABS는 뛰어난 내열성과 내충격성, 양호한 전기절연성으로 가전제품(냉장고, 청소기, TV 하우징 등)의 외장재 및 자동차의 인테리어 부품, 파이프와 피팅, 전화, 사무용기기 하우징, 잡화(안전모, 하이힐, 장난감 레고 블럭 등)로 다양하게 활용된다. 1998년, 미국의 매킨토시에서 투명 ABS 플라스틱으로 만든 i-Mac 컴퓨터(일명 누드 컴퓨터)를 출시하기도 했다. 국내에서는 LG화학, 롯데케미칼, 금호석유화학, 한국바스프가 ABS를 만들고 있다.

ABS 수지로 만들어지는 레고 블록 장난감

I 여기서 잠깐 I ABS 글로벌 1위, LG화학

LG화학은 1947년 설립된 한국 최대의 종합 화학 기업이다. 석유화학(76%), 첨단소재(13%), 생명과학(5%) 사업을 영위하고 있으며, 자회사인 LG에너지솔루션을 통해 배터리(EV/ESS) 사업도 진행 중이다. 기초 유분 중 에틸렌, 프로필렌, 뷰타다이엔에서 압도적인 생산능력을 보유하고 있다. 이외에도 범용 플라스틱인 PE, PP, PVC와 고기능-친환경 플라스틱, 가소제, 합성 고무에 이르기까지 다양한 제품을 생산한다. ABS의 경우 글로벌 점유율 1위이며, PVC와 LDPE, LLDPE, 가소제도 국내에서 높은 시장 점유율을 자랑한다. 또한, 나프타-프로필렌-아크릴산(AA)으로 이어지는 일괄 체계를 갖춘 국내 최대의 AA 제조사로서, 이를 바탕으로 PMMA와 SAP를 생산하고 있다.

I 여기서 잠깐 I ABS와 레고

레고(lego)는 1932년에 태동한 덴마크의 대표적인 블록 장난감 회사이다. 나무 장난감을 만들던 레고는 1947년엔 플라스틱 사출 성형기를 도입하여 플라스틱 장난감을 만들기 시작한다. 이후 레고는 표면에 둥근 기둥 모양의 오목형 구조와 볼록형 구조를 만들어 서로 쉽게 결합되고 분리되게 하였다. 그래서 다양한 조합을 통해서 여러 가지 구조를 만들 수 있다. 이런 놀이를 통해서 어린이의 창의성이 길러진다. 고급형 수지인 ABS의 분자 형상은 고무상 구조가 고분자 매트릭스에 잘 분산된 형태여서 충격 저항성이 좋으며, 동시에 치수 안정성이 매우 높다. 이 ABS 소재가 레고와 같은 장난감을 만드는 데 활용되고 있다.

26

폴리우레탄 수지 개발(1937년)과 스판덱스의 탄생(1959년)

'Spandex'란 명칭은 '늘어나다'라는 뜻의 영어(ex/pand/s)를 거꾸로(s/pand/ex) 뒤집어서 탄생했다.

2차 세계대전 당시, 생산된 합성 고무의 대부분은 군수용품으로 사용되었다. 이에 뷰타다이엔 기반의 고무를 대체할 만한 탄성을 갖는 소재를 합성하기 위한 연구가 활발히 진행되었다. 그리고 1937년 독일 I.G. Farben industrie의 화학자 오토 바이엘(Otto Bayer)이 아이소사이아네이트와 폴리올로부터 폴리우레탄(polyurethane, PU) 수지를 개발한다. 이 수지는 2차 세계대전이 진행되는 동안에는 프로펠러, 항공기 스키드, 잠수함 등 군사용 장비에 사용되었고, 전쟁 종료 후 다양한 제품이 개발되었다.

오토 바이엘은 발포 성형제품인 폴리우레탄폼도 개발하였고 이는 보온성이 우수하고 가벼워 방한복, 완충재에 쓰이게 되었다. 뒤이어 1959년, 듀폰의 화학자였던 조셉 쉬버(Joseph C. Shivers)가 이 폴리우레탄 수지를 바탕으로 고무줄처럼 늘어나는 탄성 섬유를 만들었다. 폴리우레탄 섬유는 스판덱

스판덱스 원사(왼쪽)를 혼방한 직물로 만든 신축성 있는 의류(오른쪽)
(출처: Luigi Chiesa / CC BY 3.0 / Wikimedia Commons, everytime / Shutterstock)

스라는 이름으로 더 익숙하며, 듀폰에서는 라이크라(Lycra)라는 상품명으로 판매되고 있다. 스판덱스는 원래 길이의 7배까지 늘어나면서 강도가 당시의 합성 고무의 3배나 되어 속옷용 고무줄을 대체하기에 최적의 소재였다. 듀폰은 "잘 가, 헐렁한 팬티!"란 광고를 앞세워 여성 속옷 시장을 석권했다. 듀폰에 뒤이어 일본 기업들이 1970년대에 스판덱스 개발에 성공했다. 한국에선 태광산업이 일본 기업 기술을 빌려 스판덱스를 처음 생산했다. 현재에 이르러 한국이 종주국 미국을 제치고 스판덱스 세계 1위 생산국이 된 것은 1992년 효성이 제조법을 독자 개발한 덕분이다. 현재 전 세계에서 고품질 스판덱스를 양산하는 기업은 한국의 효성(스판덱스 브랜드 크레오라), 미국의 인비스타(듀폰의 후신), 일본의 아사히카세이 등 세 회사 정도다. 지금 스판덱스의 용도는 수영복, 등산복, 레깅스, 스키니 청바지 등으로 계속 확장되고 있다.

폴리우레탄 수지는 자동차 내장재부터 신발 쿠션, 접착제에 이르기까지 활용도가 굉장히 넓다. 특히 발포 구조 함유가 가능해 다양한 폼(foam)을 만들 수 있는데, PU의 여러 용도 중 폼의 수요가 가장 많다. PU 폼은 스펀지, 침대 매트리스 등에 사용되는 연질 폼과 건축용 샌드위치 패널, 냉장고 단열재, LNG선 보냉재 등으로 사용되는 경질 폼으로 나뉜다. 앞서 소개한 범용 플라스틱인 폴리스타이렌(PS) 폼과 함께 대표적인 단열 플라스틱으로 꼽힌다. 폴리우레탄 수지의 중요한 중간 원료인 폴리올(PPG)은 금호미쓰이화학이 생산한다. PG는 SKC, PPG는 금호석유화학과 SK피아이씨글로벌이 각각 생산하고 있으며, PU는 동성케미칼이 만든다.

| 여기서 잠깐 | PU의 중요한 원자재

폴리우레탄을 제조하는 데 필요한 중요한 원자재로는 아이소사이아네이트(iso-cyanate)와 폴리올(polyol)이 있다.

• 아이소사이아네이트

폴리우레탄을 만들기 위해 사용하는 아이소사이아네이트는 각 분자에 두 개 이상의 아이소사이아네이트기를 가지고 있다. 가장 일반적으로 사용되는 아이소사이아네이트는 방향족 다이아이소사이아네이트인 톨루엔 다이아이소사이아네이트(TDI) 및 메틸렌 다이페닐 다이아이소사이아네이트(MDI)가 있다. TDI와 MDI는 일반적으로 저렴하고 다른 아이소사이아네이트(HDI와 IPDI 같은 지방족 아이소사이아네이트)보다 더 반응적이다. 연질 PU 제품을 만들 때는 TDI를, 경질 PU 제품을 만들 때는 주로 MDI를 사용한다.

TDI의 제법은 다음과 같다. 먼저 톨루엔을 질산과 황산의 혼합산으로 나이트로화시켜 다이나이트로톨루엔(DNT)을 만든다. 이후 추가적인 수소화 반응에 의한 톨루엔다이아이아민(TDA)을 형성한 뒤, TDA와 포스젠의 반응에 의해서 TDI가 만들어진다. 한편, 벤젠을 질산과 황산의 혼합산으로 처리하면 나이트로화 반응을 통해서 나이트로벤젠(MNB)이 만들어진다. 이를 수소화 반응에 의해서 환원하면 용도가 다양한 아닐린이 만들어지는데, 특히 폼알데하이드와 포스젠을 사용해서 후속적인 반응을 수행하면 MDI를 얻게 된다. 국내에서 DNT는 휴켐스가, TDI는 한화케미칼, 한국바스프, OCI가 만들고 MNB는 휴켐스가, MDI는 한국바스프, 금호미쓰이화학이, PU 수지는 한국바스프, 백산, 동성화학, 동성화인텍, 한국카본 등이 만든다.

• 폴리올

폴리올은 탄화수소 사슬에 알코올기가 2개 이상 붙은 액상 고분자 물질을 말한다. 폴리올의 종류에 따라 PU의 특성이 크게 좌우되는데, 폴리에터 폴리올은 주로 에틸렌옥사이드(EO), 프로필렌 옥사이드(PO) 등의 개환 중합을 통해 제조된다. 한편 폴리에스터폴리올은 폴리에스터 축합 중합으로 생성된다. 산업 초기에는 폴리에스터 폴리올이 주로 사용되었으나 석유화학공업의 발전으로 EO, PO가 대량 생산됨에 따라 현재는 폴리에터 폴리올이 더 많이 사용된다. 일반적으로 폴리에터 폴리올(PEG, PPG & PTMG 등)을 사용하면 PU 수지가 부드럽게 되고, 폴리에스터 폴리올(폴리아디페이트계, 폴리카프로락톤계, 폴리카보네이트계 등)을 사용하면 약간 딱딱한 PU가 된다. 또한, 폴리올의 분자량이 크면(~수천) 부드러운 연질 PU 수지가 될 수 있게 도와주고, 분자량이 작으면(~수백) 경질 PU가 될 수 있게 한다. 중간 정도 분자량의 폴리올을 사용하면 PU가 신축성 있으면서도 적당한 단단함을 유지할 수 있다. 국내에서 PO는 SKC, S-Oil이 만들며, SKC, 한국바스프, 그린케미칼, 금호석유화학 등이 PG(및 DPG) 및 PPG를 만든다.

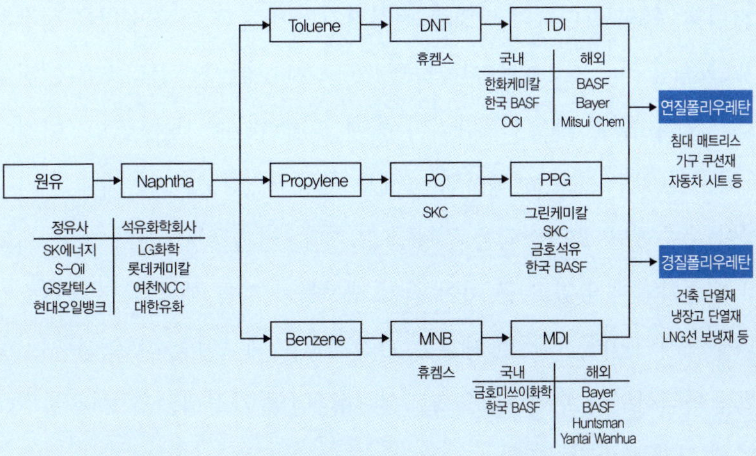

〈폴리우레탄 원료업 가치 사슬(자료: 산업자료, 우리투자증권 리서치센터)〉

27

2차 세계대전(1939~1945) 종전과 진정한 플라스틱 시대의 도래

초창기 플라스틱 산업의 발전은 1차 세계대전을 계기로 화학공업 분야가 크게 성장한 미국이 주도하였다. 미국은 전쟁 물자를 생산 제공하면서 노동력의 절감과 생산의 가속화, 나무와 금속재의 대체 재료로서 플라스틱의 가능성과 장점을 깨달았으며, 군수품의 생산을 통해 기술 발전된 플라스틱은 전후 소비재, 특히 라디오와 다양한 전기기기의 발달과 더불어 더욱 성장하였다(최초의 합성 플라스틱인 베이클라이트도 덩달아 크게 성장한다). 플라스틱은 전화기나 라디오의 몸체, 재떨이, 다리미 등에 광범위하게 사용되었고 이전에는 존재하지 않았던 새로운 제품의 몸체로 제공되었다. 1920년대에 전기절연 특성이 우수했던 플라스틱을 적용한 토스터, 커피포트, 전기 헤어 세트기 등이 대중화되어 있었고 곧 이어 전기 재봉틀과 자동 세탁기, 진공청소기도 시장에 소개되었다. 이러한 새로운 가전제품은 제너럴일렉트릭과 웨스팅하우스가 독점하면서 부엌혁명을 일으켜 미국인의 가정생활을 보다 편리하게 하는 데 크게 이바지하였다.

한편, 1920년대에는 미국이 세계에서 가장 부강한 나라로 인식되었고 현대의 미국식 생활양식이 확립되는 시기였으며 이러한 번영을 주도한 것은 특히 자동차였다. 1929년에 자동차 등록 수는 인구 5명 중에 1대꼴이 되었다. 이러한 번영은 1929년 대공황의 시작으로 잠시 멈추게 되었다.

1929년 주식 시장의 붕괴와 함께 초래된 불황을 계기로 대공황기의 치열한 판매 경쟁과 대량생산 시스템은 제품의 가격을 낮추는 계기로 작용하였고, 플라스틱은 이러한 불황의 시기에 더욱 발전되어 소비욕망을 자극하는 새로운 유행 창출의 소재가 되었다. 이는 산업디자이너와 생산업자들이 불황을 타계하기 위해 저렴한 재료를 탐구하고 대중화하려는 노력에 기인한 것이었다. 다른 재료를 대체하는 값싼 재료로써 경제적 생산성을 제고하고, 대중에게 미래적인 이미지를 각인하면서 점차 플라스틱 산업은 확대되어 갔다.

미국의 디자이너인 폴 프랭클(Paul T. Frankel)은 저서 〈Form and Re-form(1930)〉에서 플라스틱의 존재를 기적 같은 재료라고 설명하며 '오늘날 다시 부활하는 연금술'이라고 표현하였다. 1차 세계대전 이후 그리고 2차 세계대전까지 상업화된 중요한 플라스틱으로 열경화성 플라스틱에서는 성형품용 페놀 수지, 접착제용 요소 수지, 우유의 카세인 수지였고 열가소성 플라스틱에서는 잡화나 완구용 셀룰로이드, 섬유용 아세틸셀룰로스, 유리 대체용의 아크릴(폴리메틸메타크릴레이트) 정도였다. 나머지 플라스틱은 극히 소량만 만들어지고 있을 뿐이었다. 1930년대 말까지의 플라스틱 산업은 아직 갓난아기와 같은 상황이었다.

2차 세계대전, 플라스틱을 엄청나게 발전시키다!

미국이 2차 세계대전에 가담했을 무렵에는 전기냉장고와 식기세척기도 등장하였다. 그러나 아직 이런 것들은 너무 비싸고 신뢰성이 부족한 것으로 부유층의 장식물에 불과하였다. 한낱 나무와 금속재를 대체할 수 있는 새로운 재료에 불과했던 플라스틱이 2차 세계대전에서 수많은 군수물자로 제작될 것이라는 사실을 꿈에도 생각하지 못했을 것이다. 전쟁 중에는 전략물자로서의 합성 고무 생산이 급증했으며, 합성 섬유와 합성 수지도 본격적으로 개발되기 시작했다.

전쟁 중에 폴리에틸렌, 폴리염화비닐, 나일론, 아크릴, 합성 고무 등 여러 가지 플라스틱이 만들어졌다. 영국에서 개발된 폴리에틸렌은 2차 세계대전에서 공중 레이더를 위한 전선 등에 사용되며 핵심적인 임무에 활용되었다. 미국에서 개발된 나일론은 실크를 대체하며 낙하산뿐만 아니라 군복과 총기용 끈, 타이어코드, 밧줄 등에 군수물자로 널리 활용된다. 아크릴도 금속 헬멧을 대체하는 플라스틱 헬멧에도 사용되었다. 천연 고무의 산지였던 동남아시아 지역을 일본에 빼앗기며 타격을 입은 미국은 합성 고무 개발에 주력했고, 천연 고무 공급이 어려워진 독일도 SBR 합성 고무를 필사적으로 개발하였다. 전쟁이 플라스틱 산업의 기하급수적인 발전에 영향을 크게 끼친 것이다. 2차 대전 이후에는 합성 고무의 생산량이 천연 고무의 생산량을 추월하기에 이를 만큼, 전쟁 중 개발되었던 많은 플라스틱은 전쟁이 끝남과 동시에 민수용으로 옮겨지게 된다.

전쟁 후 일상으로 스며든 플라스틱

2차 세계대전이 끝나고 나서, 본격적인 플라스틱의 발전이 시작되었다. 전쟁에 쓰였던 재료 기술은 전후 섬유/플라스틱/고무/정밀화학산업을 급격히 견인하게 된다. 특히, 플라스틱은 신소재로 각광을 받게 된다.

2차 대전 중 급격히 치솟은 석유값은 전쟁 후 급락하고, 연료 말고 석유의 새로운 용도를 찾게 된다. 이러해서 크게 성장한 석유화학산업은 기술혁신에 의한 코스트다운이 이루어졌고 이는 플라스틱 혁명으로 이어졌다. 많은 플라스틱 공장이 생기고 대규모 생산이 가능해지면서 플라스틱의 가격이 하락한 것이다. 이런 변화로 식탁에는 일회용 플라스틱 칼, 접시, 컵 등이 등장하기 시작했다.

전쟁 중에 개발된 폴리에틸렌은 경량 플라스틱으로 쓰이다가 전후에는 병, 튜브, 파이프와 같은 제품을 시작으로 훌라후프, 장난감, 주방용품, 포장용 비닐봉지, 플라스틱 음료수병으로 그 쓰임이 확대된다. 또한 낙하산에 쓰였던 나일론 섬유는 나일론 스타킹이 되었다. 항공기 부품의 적층 기술에서 얻어진 접착기술과 합성 집착제는 합판(plywood) 의자 제작에 이용되었다. 플라스틱은 이제 소비재 중심으로 가정에서도 흔하게 쓰는 제품이 되었고 일상으로 깊게 들어오게 된다. 한편, 일반 플라스틱보다 강하고 내열성, 내구성이 뛰어나 금속재료를 대체하며, 기계 구성 요소로 사용될 수 있는 폴리카보네이트, 폴리아세탈수지 등도 연달아 개발되었다.

일회용 플라스틱으로 더욱 더 위생적인 병원이 생기다.

중세 유럽인은 흑사병으로 수만명이 목숨을 잃었고, 1918년에 발생한 스페인 독감은 1차 세계대전 전사자보다 더 많은 생명을 앗아갔다. 불과 수 년 전까지도 코로나19 바이러스로 전 세계가 고통받았다. 이처럼 질병은 전쟁과 기근만큼 인류를 위협하는 큰 재앙이며, 이를 피하는 1순위 대처법은 인류가 위생적인 병원을 가지는 것이다. 병원에서 병을 얻을 수는 없지 않은가?

발명가들은 값싸면서도 유연하고, 탄력 있는 플라스틱의 재료 특성을 이용해 병원 내 살균이 어렵고 깨지기 쉬운 유리병, 유리 주사기와 고무 튜빙 등을 PVC나 PP 재질 등의 일회용 플라스틱으로 만들어진 혈액/수액 백, 주사기와 파이프들로 대체했다. 플라스틱으로 비닐, 파이프, 병 등 일회용 의료용 제품을 만들면서 병원은 더 위생적으로 변했다. 한편, 전쟁 중에 상처를 봉합했던 순간접착제, 수혈용 관, 혈장의 대체 물질도 전후에는 의료용 플라스틱으로 발전하였고, 최근에는 인공 피부나 연골 같은 인공 장기 등까지 광범위하게 플라스틱이 활용되고 있다. 무엇보다도 코로나 19시절, 우리를 지켜주었던 것은 PP 재질의 일회용 마스크와 몸속에 백신을 투입하는 PP 일회용 주사기였다.

플라스틱 가구회사: 이탈리아의 카르텔과 미국의 허먼밀러

카르텔(Kartell)은 1949년에 이탈리아의 지우리오 카스텔리(Giulio Castelli)가 설립한 후, 초기에는 플라스틱으로 된 자동차 부속 악세사리 제품을 생산하고 판매하였다. 그러다가 점차 기능이 첨가된 플라스틱 제품, 즉 조명을 포함한 생활용품과 가구 등을 생산하였다. 1960년대에 들어서서 카르텔의 제품 디자이너는 플라스틱 소재에 심취하여 플라스틱 기반의 다양한 가구를 구상하기 시작한다. 당시 기존의 플라스틱 가구는 플라스틱, 유리 섬유, 알루미늄, 스테인레스 스틸, 와이어, 버팀 목재 등의 소재가 함께 사용된 것에 반해 카르텔은 100% 플라스틱만을 소재로 한 가구를 생산하였다. 세계 최초로 폴리에틸렌 플라스틱 의자를 출시하였으며(1961년), 1974년에는 천연소재의 질감과 색감을 가지는 업그레이드된 폴리프로필렌 의자도 출시하였다. 이러한 이유로 카르텔 회사는 오늘날 세계적으로 독보적인 플라스틱 가구회사로 자리잡게 된다.

한편, 미국을 대표하는 가구회사 허먼밀러(Herman Miller)는 세계 가구사에서 무척 특별한 존재이다. 2차 세계대전이 끝난 직후 1950~60년대 미국 중산층의 취향에 부응한 새로운 주거 디자인을 이끌었는데, 실용성을 중시한 깔끔한 디자인에 플라스틱, 합판, 유리섬유, 알루미늄 등 당시의 신소재도 적극적으로 활용하였다. 허먼밀러는 파스텔 색조의 누드 톤(nude tone) 투명 PP로 아름답게 만든 OA 가구제품(누드 플라스틱으로 된 책상과 서랍, 책꽂이 등)을 최초로 만들었다. 특히 PP 플라스틱과 유리섬유를 활용해 의자 상부를 일체형으로 만든 최초의 인체 공학 의자인 '셸 체어'는 생산 비용을 줄이면서도 파격적인 디자인 구조를 채택해 전 세계의 주목을 받았다. 허먼밀러는 당시 신소재였던 폴리프로필렌을 적극적으로 활용하여 실내 마감재, 조명, 생활가구, 볼펜을 비롯한 문구류, 생활 필수품 및 소품에 이르기까지 일상생활의 대부분의 제품을 생산하였다. 사무실 내 파티션도 최초 개발했기에 지금의 사무실 풍경을 만든 주역이라고도 할 수 있겠다.

가구용 의자 디자인은 새로운 발상 전환과 신소재의 발명에 힘입어 현재에 이르러서는 PP보다 더 견고하고 내구성이 좋은 투명 폴리카보네이트(PC) 소재를 사용한 기능성 의자가 등장하게 된다. 이와 같이 PP나 PC 재료를 적용한 의자와 같은 가구 제품이 선풍적인 인기를 누릴 수 있었던 이유는, 사회와 라이프스타일의 변화에 따라 다양한 제품 디자인에 형태의 자유로움이 나타나면서, 소재의 원색적인 색채를 필요로 했기 때문이다. 이전의 원목과 금속으로 제작된 무겁고 값비싼 가구에서 저렴하고 원색적인 플라스틱 가구로 세상이 바뀐 것이다. 오늘날 최고의 플라스틱 전략을 행하고 있는 가구회사 '이케아'와 '파타고니아'를 필두로 제작되는 책장, 책상, 의자 등 플라스틱 가구는 오래 지속되고 인간에게 편안함을 제공할 것이다.

• 3부 •

20세기 말:
진정한 플라스틱 시대

28

플라스틱과 포장 산업

플라스틱의 발명은 혁신적인 포장 기술의 발전으로 이어져 식품의 장기보관과 유통도 가능하였다. 이는 결과적으로 인구의 폭발적 증가와 인류의 삶을 풍요롭게 하는 데 크게 이바지했다. 대표적인 포장 재료는 현재 가장 많은 비율을 차지하는 비닐봉지, 페트병, 기타 일회용 플라스틱 용기이며, 가벼우면서도 잘 망가지지 않고, 보관과 운반이 용이하면서 무엇보다도 저렴하다.

플라스틱 포장의 역사

포장은 인류의 출현과 함께 생활의 지혜로 생겨났다. 필요한 물자를 조달하고, 이것을 보호, 저장, 이동, 분배나 교환하기 위하여 포장은 발전해 온 것이다. 옛날의 포장은 볏짚으로 물건을 묶고 싸던 것, 가마니, 볏섬, 바구니, 부대, 통, 나무그릇, 목기 등에서 보듯이 식물을 소재로 하거나 항아리, 토기 같이 흙을 원료로 한 것이 주류였다. 한편 천을 이용한 보자기도 포장 용도로서 역할을 충분히 발휘하였고, 대나무, 종이 등도 그러했다.

18세기의 산업혁명은 대량생산, 대량판매라고 하는 물자의 유통 확대를 가져왔으며, 이는 오늘날 포장의 발전을 촉진시킨 시발점이 된다. 물건을 넣어서 일시 보관하든가, 물건을 운반하는 것 정도의 목적을 수행하던 포장은, 19세기 초에 들어서서 병조림, 통조림이 발명되면서 식품의 장기 보존에도 활용되는 등 그 기술과 목적이 크게 확대되었다. 19세기 이후 플라스틱 시대의 막이 열리고, 20세기에는 PVC, PVDC, PE, PS, PP 등의 새로운 플라스틱 포장 재료도 등장하였다. 고성능 포장 기계도 개발되었으며, 생산기술(연신 및 증착)과 포장기법도 고도화되어 다양한 포장이 등장하게 되었다.

1950년대에는 식품의 농축, 건조기술과 함께 포장재의 제조 기술이 크게 발전하고 실용화되어, PVDC 필름(SARAN)으로 포장된 어육햄, 소시지가 큰 히트를 하였다. 또한 바쁜 세상을 반영하여 라면과 같은 인스턴트 식품이 폴리에틸렌과 셀로판을 적층한 라미네이트 필름에 포장되었다. 1960년대에는 가공식품이 증가하고 슈퍼마켓이 등장하면서, 대면판매에서 셀프서비스로 변화하였고, 모든 것이 포장되기 시작하여 포장의 중요성은 더 높아졌다. 이때 PET 필름, 나일론 필름 등의 우수한 포장재가 차츰차츰 개발되어 여러가지 신제품이 세상에 나왔다. 1975년에는 레토르트(retort) 포장기술이 일본의 동양제관에 의해 완성되어 고융점의 PP 필름이 적용된 레토르트 파우치 식품이 최초로 상품화되었다.

비닐봉지의 시대가 열리다.

플라스틱의 대명사가 된 폴리에틸렌은 1930년대에 만들어졌으며, 저밀도 폴리에틸렌 필름은 스웨덴의 공학자 스텐 구스타프 툴린에 의해 1959년부터 대규모 생산이 가능해졌다. 그는 LDPE를 블로우 성형하여 비닐봉지(plastic bag)를 처음으로 발명하였고, 비닐봉지의 시대가 도래하게 되었다. 이로 인해 이전까지는 잘 찢어지는 종이나 무거운 천 가방, 셀룰로스 기반의 비싼 셀로판지를 사용하던 사람들은 드라마틱한 라이프스타일 변화를 겪었다.

당시 유럽에서는 "가볍고 오래가는 비닐봉지를 사용해 사람들이 몇 번이고 재사용할 수 있게 하자"며 인기를 얻어 비닐봉지는 빠르게 확산하였다. 1980년대에는 미국의 슈퍼마켓 체인에도 비닐봉지가 도입되면서 세계적으로 종이봉투를 대신하게 됐다. 이렇게 LDPE 필름 생산이 급속하게 증가해 거의 모든 포장 분야에서 값싼 LDPE 필름이 셀로판지를 대체하게 되었다. 특히 농작물이나 부패되기 쉬운 식품, 섬유 제품, 기타 모든 종류의 상품 포장에 이용되었고, 농업용 비닐하우스부터 가정용 쓰레기봉투까지 LDPE 필름 수요는 기하급수적으로 늘어났다. 1973년 미국 UCC사에서 최초로 개발된 LLDPE는 LDPE의 파단되기 쉬운 단점을 보완한 물성을 가지며 포장용 랩 및 필름 외에도 식품용기, 가정용기, 물탱크 등에 쓰이고 있다.

오늘날에 와서는, 자연 환경 보호와 동시에 포장 폐기물 문제가 크게 대두되고 있는 것이 현실이다. 포장기술의 혁신으로 탄생했고 인류의 삶의 질을 높여 왔던 비닐봉지는 이제 아이러니하게도 전 세계 지구인의 최고의 골칫덩이로 전락한 셈이다.

29

플라스틱과 문화산업

플라스틱이 발명되기 전에는 수많은 천연 재료들로 물건을 만들었다. 당시 비쌌던 천연 재료는 곧 희소성을 의미했고 동시에 사회계층을 구분하는 기준이 되기도 했다. 하지만 20세기 초 값싼 합성 플라스틱이 등장하면서 소비와 문화는 대중화됐다. 플라스틱으로 인해 물질 소비에서 평등해진 것이었고, 아울러 플라스틱은 우리에게 적은 비용으로 풍부함을 누리게 해줬다. 플라스틱은 레코드, 카세트테이프, 비디오테이프 제작 등에 활용되며 영화와 음악의 대중화에 기여했다.

초기 영화 산업 발전에 기여한 플라스틱

존 웨슬리 하얏트가 만든 셀룰로스 나이트레이트 기반의 최초의 반인조 플라스틱인 셀룰로이드는 초기에 당구공에 적용되었다. 하지만 셀룰로이드 당구공은 가끔씩 서로 부딪혔을 때 큰 소리를 내며 약간의 폭발을 일으켜 안정성이 떨어졌고, 이에 따라 크게 상용화되지 못하고 잊혔다. 하지만 그의 발명품 셀룰로이드는 시간이 흐른 후 엉뚱하게도 플라스틱 필름 제조 기술의 발달과 함께 아날로그 사진용 필름 재료에 적용되어 당대 유명 사진 필름사인 Kodak이 채택하게 된다. 이어서 셀룰로이드는 영화 필름 발전에서도 주요한 역할을 하게 된다. 최초의 영화 필름은 찢어지기 쉬운 종이로 제작됐지만, 강인한 특성의 셀룰로이드로 대체되었다. 셀룰로이드로 가연성 플라스틱 필름을 만들어낸 후 빛의 정도에 따라 다른 모양을 만들어낼 수 있는 화학 물질을 필름에 바른 것이 영화 필름의 기원이다. 추후 셀룰로이드는 할리우드 영화 열풍에 크게 기여하게 된다.

오디오 산업의 혁명을 이끈 플라스틱

미국에서는 1907년 진공 탐지기가 발명되면서 라디오 방송이 정규화되었다. 초기에는 금속과 목재로 제작되던 라디오는, 1930년대부터 하우징 재료로 베이클라이트 플라스틱이 이용되면서 생산 공정수를 줄일 수 있었고, 라디오 대량생산시대를 맞이하게 된다. 한편, 사람들은 19세기 중반까지만 해도 라이브 연주 음악만 들을 수 있었다. 그러나 토머스 에디슨의 축음기가 모든 것을 바꾸어 놓았다. 음악을 녹음할 수 있게 된 것이다. 첫 축음기는 천연 수지인 셸락(또는 천연 왁스)으로 만들어졌지만, 훗날 훨씬 강인한 PVC 플라스틱이 무른 특성의 셸락을 완전 대체하여 축음기의 저장 수명과 내구성을 크게 향상시켰다. 오디오 산업의 대중화에 크게 기여한 것이다. 소릿골을 깊게 커팅하는 딥 그루브 방식으로 풍부한 음색이 나오는 Long Playing(LP) 비닐 레코드가 1970년에 발명되었다. LP는 공디스크에 음원을 새기는 과정인 커팅, 대량생산을 위한 도장판 제작 공정인 스템퍼, 목표 플라스틱 시트에 본을 뜨는 프레싱의 공정으로 제작되는데, LP의 재료도 바로 PVC 시트판이었다.

한편 엔지니어들이 플라스틱 필름 위에 자성체(magnetic material)[14]를 입히면서, 자기 인식을 이용한 정보입력 시대가 도래했다. PVC 시트 위에 그려진 마그네틱 선을 기반으로 최초의 신용카드가 등장하였는데, 1951년 미국 뉴욕에서 프랭크 맥나마라 등이 설립한 다이너스 클럽의 신용카드가 시초이다. 또한 1958년에 미국 RCA는 오디오 테이프 카트리지를 첫 개발했고, 폴리에스터(PET) 플라스틱 롤 필름 위에 자성체를 코팅한 자기 기록 테이프(오디오 카세트 테이프)가 등장하였는데 이를 이용한 오디오 카세트가 첫 발명되었다(1962년, 필립스). 사람들은 카세트 테이프 녹음기에서 자성 물질을 자화시켜 음원을 비롯한 각종 데이터를 저장할 수 있게 된다(대부분은 아날로그 신호를 기록하였지만 디지털 데이터를 기록하는 카세트 테이프도 있었다). 1965년부터 상업적인 음악 카세트가 시장에 등장하기 시작하면서, 사람들은 자동차를 타고 다니면서 녹음된 음악을 들을 수 있게 되었고 팝뮤직 산업이 흥하게 되는 계기가 된다. 카세트 테이프는 훗날인 1980년대 말부터 서서히 폴리카보네이트(PC) 플라스틱 원판 위에 알루미늄 박막을 입힌 CD(compact disk)인 광 디스크로 대체되었지만, 여전히 음악의 대중화는 계속되었다. 오늘날에는 MP3 및 스마트폰의 출현으로 앞에 언급한 대부분의 음원 제품들이 추억 속의 물건이 되었다.

비디오 테이프의 발명과 홈 비디오 시대

오디오 테이프를 발명했던 필립스는 같은 방식으로 PET 롤 필름 기반의 VCR용 비디오 테이프(videotape, 영상 기록 매체)의 발명을 이끌었다. 비디오 테이프

---

14 산화 철(III)(Fe_2O_3)이나 이산화 크로뮴(CrO_2), 자철광(Fe_3O_4) 같은 물질

는 아날로그 신호를 기록하는 영화 필름과 대조되며, 자기 테이프 위에 영상과 소리를 기록하는 수단으로 1951년 최초의 비디오 테이프 레코더가 발명되었다. 비디오 테이프는 비디오 테이프 레코더(VTR, VCR)와 캠코더에서 쓰였는데, 최초로 상용화된 비디오 테이프는 1972년 필립스에서 내놓은 VCR-LP이다.

VHS와 베타맥스가 등장해 비디오 테이프가 본격적으로 보급되기 시작하면서 홈 비디오 시대가 열렸다. 특히 1980~90년대에 폭발적으로 성장한 비디오 대여점이 큰 역할을 하였다. 하지만 비디오 테이프도 CD 광 디스크의 출현으로 카세트 테이프와 마찬가지로 역사 속으로 사라지게 된다. CD는 PC 플라스틱 원판 위의 알루미늄 박막에 레이저로 홈을 파서 신호를 저장하며, 마찬가지로 레이저로 신호를 읽는다. 따라서 자료의 손상이 없는 반영구적 매체였기에 비디오 테이프는 견디지 못하고 시장에서 퇴출될 수밖에 없었다. CD는 처음에는 오디오, 비디오 정보를 담기 위한 매체였지만, 나중에 이 기술은 다른 디지털 정보도 저장하는 기억 장치인 CD-ROM에도 적용된다.

투명하고 휘어지는 플라스틱, IT 제품 디자이너에게 많은 영감을 주다!

1978년 최초의 일반용 컴퓨터가 발명된 이래 처음으로 미국 매킨토시사는 파스텔 색조의 일명 누드 컴퓨터를 만들었다(1998년). 강인하고 내충격성의 투명 ABS 플라스틱으로 외관 하우징을 구성한 i-Mac 컴퓨터였다. 이때까지만 해도 아무도 컴퓨터에 플라스틱 소재를 사용하여 투명하게 내부의 부품이 보이도록 디자인하리라고는 상상조차 할 수 없었다. 이 제품은 당시 선풍적인 인기와 관심을 끌었고 결과적으로는 다른 IT 제품의 디자인에도 큰 영향을 미치게 되었다.

2019년, 한국 삼성전자는 CPI 필름(colorless polyimide, 무색, 투명한 폴리이미드 플라스틱 필름)으로 세계 최초의 폴더블 스마트폰인 갤럭시 폴드1을 출시하였다(하지만 후속 갤럭시 폴드 시리즈는 CPI 필름 대신 휘어지는 초박막 유리(ultrathin glass)를 채택한다). 2020년에는 한국 LG전자도 투명 CPI 플라스틱 필름으로 만든 롤러블 TV를 세계 최초로 출시하였다. 드디어 많은 IT 제품 디자이너들이 자유로운 형태와 색깔 그리고 특수 기능을 가지는 플라스틱 소재를 다른 시각으로 바라보기 시작하였고 제품화에 적용하고 있는 것이다.

30

2차 세계대전의 종결자 테플론(1941년) 그리고 테팔 & 고어텍스

젊은 과학자의 우연의 관찰물, 테플론

메테인과 염소 가스의 반응으로 생성되는 클로로폼($CHCl_3$)을 후속적으로 불산(플루오린화수소산, HF)과 반응시키면 프레온(freon, $CFCl_3$)이 만들어지고, 이를 고온에서 열분해하면 테트라플루오린화에틸렌(tetrafluoroethylene, TFE)이 만들어진다.

1938년 듀폰의 젊은 과학자 로이 플렁킷(Roy J. Plunkett)은 위와 같은 화학 반응 실험을 계속 하면서 신규 불소계 냉매를 개발하고 있었다. 당시 그의 임무는 냉장고에 들어가는 기존 냉매였던 독성의 암모니아를 무독성의 새로운 가스로 대체하는 것이었다. 그러던 중 TFE 가스 실린더의 내부 압력계가 0이 되었음에도(즉, 가스가 남아있지 않았음에도) TFE가 남아있는 것처럼 실린더의 무게가 측정된 것을 발견하게 된다. 이를 이상하게 여긴 플렁킷이 실린더 내부를 확인해 보았더니 내부가 흰색 미끄러운 물질로 코팅된 것을 확인하게 된다. 이런 결과를 바탕으로 실험을 거듭하여 TFE가 부가 중합되어 폴리테트라플루오린화에틸렌(PTFE)이 만들어지는 것을 이해하였고, 달라붙지 않고 매끄러운 표면 특성을 가진 PTFE 수지는 1941년 테플론(teflon)이란 이름으로 상품화된다.

테플론은 모든 화학약품에 대해 내화학성이 있으며, 아무것도 달라붙지 않는 매끄러운 표면으로 유명하다. 넓은 온도 범위(−270~250℃)에서도 물리적 성질을 유지한다. 이러한 특성 때문에 테플론은 개스킷, 베어링, 컨테이너와 관의 내벽, 부식성 환경에서 사용되는 밸브와 펌프의 부품, 조리기구, 톱날, 기타 다른 제품의 보호막으로 다양하게 적용된다. 현재 듀폰, 3M, 솔베이 등이 테플론을 생산하고 있다.

테플론과 맨해튼 프로젝트

2차 세계대전 중인 1942년, 미국은 추후 사용할 핵무기를 개발하는 '맨해튼 프로젝트'에서 원자탄의 원료가 되는 우라늄−235 생산을 화학기업 듀폰에게 맡기게 된다. 자연계에 0.6% 확률로 존재하는 우라늄−235를 우라늄−238로부터 분리해야 했는데, 이를 위해서는 천연 우라늄을 먼저 질산에 녹여 가열한 '옐로 케이크'를 플루오린과 반응시켜 기체 상태인 UF_6(플루오린화 우라늄)로 만들어야 했다. 그런데 이 UF_6 기체의 부식성이 매우 강해 생산 공정에 필요한 배관과 펌프, 개스킷까지 견디지를 못했기 때문에 이에 내성 있는 물질을 찾기 위해서 어려움을 겪고 있었다.

그때 마침 열과 산, 염기에 모두 강한 내화학성을 가지는 테플론을 적용하여 마침내 우라늄−235를 분리할 수 있었고, 이를 바탕으로 마침내 핵무기를 생산할 수 있었다. 테플론은 온도 변화에 높은 내구성이 필요한 액체 연료탱크의 내부 코팅 재료와 질산 등이 사용되는 폭발물의 개스킷, 레이더에 잡히지 않는 특성으로 근접폭탄의 탄두 제작에 이르기까지 많은 군수물자 제조에 쓰였기에 전쟁 당시 테플론의 역할은 그야말로 전쟁의 종결자라고 해도 과언이 아니었다.

테플론을 주방용품에 적용한 테팔

테팔(tefal)은 테플론(teflon)의 '테프'와 알루미늄(aluminum) 프라이팬의 '알'로 만들어진 합성어이다. 테플론은 사용 온도 범위가 −270℃부터 250℃까지로 매우 넓다. 또한 독특한 플루오린 원소를 함유하며, 물이나 기름이 잘 붙지 않는 내수성, 내유성과 내열성, 난접착성이 매우 우수하다. 이러한 특성을 살려 듀폰은 테플론으로 조리기구 코팅 등 다양한 응용 제품을 개발했는데, 그중 하나가 바로 가정에서 널리 쓰이는 Tefal(테팔)이라는 브랜드의 프라이팬이다. Tefal(테팔)은 테플론이 코팅되어 있는 알루미늄 소재 프라이팬으로 식품이 타거나 눌어붙지 않아 개발 당시 주부들에게 큰 사랑을 받았다.

테플론을 적용한 섬유에 적용한 고어텍스

등산용 재킷은 아웃도어 시장에서 가장 인기 있는 품목이다. 대부분의 브랜드가 '눈과 비, 바람은 차단하고 땀은 밖으로 배출한다'라는 내용으로 홍보한다. 이것은 재킷 외피에 눈에 보이지 않는 수억 개 이상의 미세한 구멍이 뚫려 있는 방수 투습 원단(microporous PTFE)[15] 덕분에 가능한 일이다. 이 원단이 고어텍스(Gore−tex, 미국인 Gore가 발명한 직물)라는 이름으로 더 익숙한 테플론(polytetrafluoroethylene, PTFE) 직물이다. 듀폰의 슈퍼 엔지니어링 플라스틱인

15 멤브레인 필름이 겉감과 안감 사이에 라미네이팅(laminating) 접착으로 결합하고 있다

테플론을 의류에 적용해 고어사가 고어텍스라는 상품명을 붙였다. 테플론 직물은 생산 공정이 복잡해 제조 원가가 비싸다는 단점이 있지만, 원단 본래의 촉감을 거의 해치지 않고 착용감이 우수하다는 장점이 있다. 또, 방수 기능과 더불어 통기성이 뛰어나 땀을 밖으로 배출해 건조함을 유지한다. 이 같은 점 때문에 등산용 재킷 외에도 여러 고기능성 제품에 쓰이고 있다. PTFE 직물은 국내 생산 기업이 없으며 미국 고어사가 독점 제조한다.

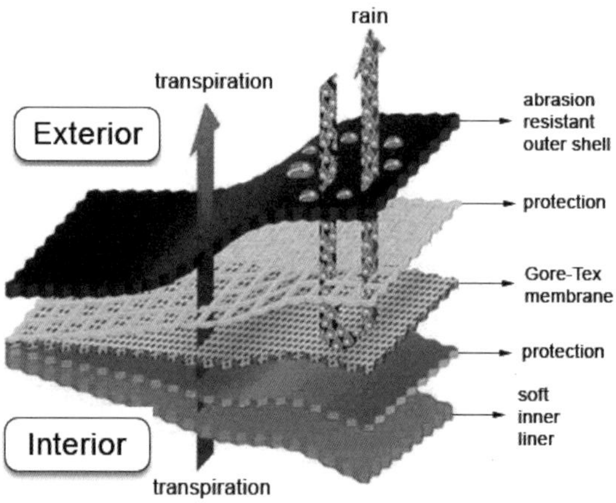

고어텍스 원단의 구조(출처: Wart Solipsist, CC BY-SA 3.0, Wikimedia Commons)

31

실리콘(1943년)과 실리콘 유방 임플란트

| 여기서 잠깐 | 반도체 '실리콘(Silicon)'과 최고의 고무인 '실리콘(Silicone)'의 발음은 똑같다!

모래 속의 규석에서 실리케이트(또는 실리카)를 추출한 후 환원시키면 규소(silicon)를 얻는다. 이 규소는 중성의 성질을 가지지만, 붕소(B)로 도핑하면 P형 실리콘 반도체가 되고 인(P)으로 도핑하면 N형 실리콘 반도체가 된다. P 및 N형 반도체와 적절한 절연체 그리고 금속체를 조합하면 반도체 소자의 핵심 구성 요소인 트랜지스터(transistor)를 제작할 수 있다.

한편, 규소를 클로로메테인과 반응시켜 만들어지는 다이클로로다이메틸실레인(dimethyl dichloro silane)을 가수분해한 뒤, 축합 반응을 수행하면 저분자량의 옥타메틸사이클로테트라실록세인과 같은 환형 실록세인(cyclic siloxane)이 만들어지는데, 이에 황산을 가하면 개환 중합이 일어나서 고분자량의 실리콘 수지를 만들 수 있다. 이를 퍼옥사이드(peroxide)와 같은 경화제로 가교시키면 탄성체가 만들어지며, 이를 실리콘 고무(silicone elastomer)라고 한다(규소 silicon에 철자 e가 붙었지만, 발음은 같다). 우리가 일상에서 보통 '실리콘'이라고 일컫는 재료는 이 실리콘 고무에 해당한다.

1940년 G. E. Rochow는 실리콘 고무의 원료인 클로로실레인(chlorosilane)의 합성에 처음으로 성공한다. 이를 이용해서 1943년에는 규소를 포함하는 무기계 고분자(inorganic polymer)의 범주에 해당되는 실리콘 고무가 최초로 탄생한다(미국 다우코닝). 모든 천연 고무 및 합성 고무를 망라하고 지구상에서 가장 부드러운 고무인 실리콘을 재료로 하여 1962년 최초의 여성 가슴의 실리콘 성형수술이 시작되었고, 다우코닝은 1964년부터 성형 수술용 실리콘 제품을 생산한다. 이로써 몸속에 삽입할 수 있는 '생체 재료(또는 surgical implant)'의 역사가 시작되며, 또한 성형 수술의 기술이 발달하게 된다. 성형수술을 영어로 plastic surgery라고 하는 것도 이와 연관되어 있다.

그러던 중인 1980년대와 1990년대 내내 수만 명의 원고(다우코닝에서 생산한 유방 성형용 보형물을 삽입하고 부작용을 느낀 여성)가 제기한 집단 소송에서 다우코닝의 실리콘 유방 임플란트가 전신 건강 문제(유방암, 루푸스, 류마티스 관절염 및 다양한 신경계 문제)를 일으킨다고 주장한다. 또한 실리콘 유방 수술을 받은 한 여성의 모유에서 실리콘 성분이 검출되기도 하였다. 이로 인해 1984년에 시작되어 1998년까지 32억 달러 규모의 집단 소송이 이어졌고 합의로 마무리되었으나 다우코닝은 9년 동안 파산 보호를 받게 된다. 참고로 오늘날 여성들이 착용하는 끈 없는 '실리콘 브라'도 고무 실리콘이 코팅된 제품이다.

여러 실리콘 고무 중 가장 대표적인 것은 폴리다이메틸실록세인(PDMS)이다. 원래 부드러운 특성의 실리콘은 고도의 내열성과 내한성, 산화 안정성과 같은 내후성, 내유성, 내약품성을 가질 뿐 아니라 전기적 성질, 내마모성이 우수해서 전선과 케이블용 절연체에도 적용되지만, 실리콘을 원료로 고무 주형을 통해서 개스킷과 밀봉제 같은 다양한 고무제품이 만들어진다. 또한, 생체 친화성의 특성으로 바이오 플라스틱으로도 볼 수 있어서, 인공피부나 연골, 인공장기 등 다양한 의료분야의 소재로서 의학 분야에 광범위하게 사용되고 있다.

| 여기서 잠깐 | 다우(Dow)는 어떤 기업인가?

전통적으로 세계 3대 화학 회사로 흔히, 독일의 바스프(BASF), 미국의 듀폰(DuPont)과 함께 꼽히는 다우케미칼(Dow Chemical)은 1897년 허버트 헨리 다우(Herbert H. Dow)에 의해 미국 미시간주 미들랜드에 설립된다. 1943년에는 실리콘 고무의 향후 잠재력을 느끼고 당시 '유리의 명가'였던 Corning Glass와 합작으로 다우코닝(Dow Corning)을 설립한다. 다우코닝은 실리콘 및 실리콘 기반 기술을 전문으로 하며 세계 최대의 실리콘 제품 생산업체로 성장한다. 한편, 다우 케미칼은 2016년 다우코닝을 완전 인수하여 100% 자회사로 만들었다. 이후 다우케미칼은 2017년 듀폰과의 동등 합병을 진행해 미국 최대의 화학 기업인 다우듀폰(DowDuPont)이 탄생한다. 그리고 다우듀폰은 2019년에 다시 세 개의 회사, 다우, 듀폰, 코르테바로 분리된다. 다우는 화학 소재, 듀폰은 전자재료와 같은 특수 화학, 코르테바는 농업 화학을 주력으로 하고 있다. 현재 실리콘 고무는 다우가 생산하며, 그 밖에도 플라스틱 및 산업용 중간재도 생산하고 있다.

32

에폭시의 탄생, 제대로 바르고 붙이기 시작하다(1947년)

에폭시 수지(epoxy resin)는 단독으로 쓰이지 않고 경화제(및 촉매)와 함께 사용한다. 열경화성 수지이며 치수안정성, 내화학성, 강도 등이 우수하고 절연 특성을 가지고 있어 다양한 분야에서 활용되고 있다. 특히 접착 및 보호 코팅성이 뛰어나 고성능 접착제와 코팅 재료 등으로 널리 쓰인다. 반도체 칩을 보호하기 위해 겉면에 씌우는(몰딩) EMC 역시 에폭시로 만들며, 유리 섬유 강화 플라스틱(glass fiber reinforced plastic, GFRP)과 탄소 섬유 강화 플라스틱(carbon fiber reinforced plastic, CFRP)을 만들 때도 에폭시가 사용된다.

에폭시 수지의 개발 역사

1939년 독일 IG Farben은 에폭시 수지를 첫 발견하고 특허를 출원한다. 하지만 미국의 Shell Chemical이 최초로 에폭시 수지를 도료용 바인더로 상업화하였다(1947년). 2차 세계대전 후부터 에폭시는 코팅제(토목·건축용, 선박용, 공업용, 자동차 전착 도료용 수지 등), 전기/전자용 에폭시 복합재료, PCB(인쇄회로기판)의 바인더 수지로 개발되어 현재는 약방의 감초처럼 다양한 재료 분야에서 폭넓게 사용되고 있다.

상업적 에폭시 수지는 주로 비스페놀 A(BPA)를 원료로 하여 만들어진다. 먼저 프로필렌을 염소 가스와 반응시키면 염화알릴(allyl chloride)이 만들어지고 후속적인 산화 반응을 통하면 에피클로로하이드린(ECH)이 제조된다. ECH는 BPA와 반응하여 대표적인 범용 에폭시 수지인 DGEBA가 만들어진다. 에폭시 수지(제1액)는 단독으로 사용하지 않고 경화제(제2액)와 함께 사용되어 3차원 네트워크(가교구조)를 가지게 되는 '2액형' 열경화성 수지이다. 우수한 강도와 절연 특성, 내화학성, 치수 안정성, 성형성을 가지며 특히, 접착 특성, 밀봉 특성 및 보호 코팅성이 우수하여 접착제, 페인트 등에 널리 사용된다. 국내에서 ECH는 한화케미칼, 롯데정밀화학이, DGEBA계 에폭시 수지(대표 브랜드 'YD-128')는 국도화학(국내 1위, 세계 1위), 금호피앤비화학, 코오롱인더스트리가 만든다. 특히, 큐멘 프로세스를 갖고 있는 금호피앤비화학은 페놀과 아세톤으로부터 BPA 생산, 그리고 DGEBA 에폭시 수지 제조로 이어지는 페놀 유도체 수직 계열화의 강점을 갖고 있다. BPA로 만들어지는 에폭시 수지(DGEBA)는 다른 에폭시 수지(페놀 및 크레졸 노볼락 계 등)에 비해서 인성과 치수 안정성이 탁월하다.

이러한 에폭시 특성을 이용한 대표적인 응용 예시로 에폭시 캔 코팅(epoxy can coating)을 들 수 있다. 금속 재질의 식품 및 음료 캔을 만들기 위해서는 반드시 캔 내부 표면에 얇은 보호 코팅을 해야 한다. 캔의 부식도 막아야 하지만 용해된 금속 성분으로 인한 식품 및 음료의 오염을 방지해야 하기 때문이다. 보호 코팅은 10~30년간은 본질적으로 비활성이어야 한다. 이러한 스펙을 맞출 수 있는 유일한 재료가 현재로서는 인성, 접착력, 성형성 및 내화학성의 탁월한 조합을 가지는 에폭시이다. 다만 최근에는 친환경을 고려해서 폴리에스터형 핫멜트 접착수지가 조금씩 시장에 진입하고 있다.

접착제의 제왕으로 불리는 고성능 산업용 에폭시 접착제의 탄생으로 인해서 많은 엔지니어들은 복잡한 제품 개발에 있어서 조립이나 납땜 대신 접착을 이용해서 부품들을 붙이기 시작하였다. 한편, 에폭시는 코팅이나 접착제 용도 말고도 에폭시 복합재료 기반의 다양한 플라스틱 성형품 제조나 PCB(인쇄회로기판) 제작에 핵심 재료로 사용되고 있다.

I 여기서 잠깐 I 에폭시 복합재료란?

우리의 조상들은 볏짚을 잘라 진흙에 섞어 벽돌을 만들었는데 섬유 모양의 볏짚이 진흙의 기계적 물성을 보강하여 더 튼튼하게 되는 원리이다. 마찬가지로 상용화된 고분자 수지(또는 매트릭스)에 의도적으로 보강 섬유를 투입하면 고성능의 플라스틱을 만들 수 있다. 이를 고분자 복합재료(composite 또는 복합체)라고 한다. 이렇게 특성이 강화된 복합재료는 알루미늄이나 철 등을 대체할 수 있다.

대표적인 보강 섬유로는 유리, 탄소, 붕소, 실리콘카바이드, 아라미드가 있으며, 실리카, 알루미나, 점토와 같은 천연광물 입자들도 보강을 위한 충진제로 많이 사용된다. 매트릭스로 에폭시를 사용하는 에폭시 복합재료가 가장 유명하며, 보강 섬유인 유리 섬유가 에폭시 수지에 분산된 유리섬유 강화 플라스틱(GFRP)과 보강 섬유가 탄소 섬유인 탄소섬유 강화 플라스틱(CFRP)로 나뉘어진다. GFRP는 스포츠 보트 등을 만드는 데 자주 사용되며, CFRP는 경량이면서 강한 소재로 골프채, 낚싯대 등에 아주 유용한 재료로 사용될 뿐 아니라 내열성도 높아 항공 재료 분야에서 점점 더 중요한 역할을 하고 있다.

33

PET의 발명(1948년) 그리고 SK의 폴리에스터 이야기

선경직물에서 시작하여 하이닉스까지 품은 최씨 일가의 SK 폴리에스터 역사를 돌아본다.

옷의 소재인 직물을 얻으려면 섬유가 필요하다. 섬유는 천연섬유, 준천연섬유 및 합성 섬유 3가지로 나누어진다. 화학적으로 반응시킨 셀룰로스 기반의 재생 섬유인 레이온과 초산(아세트산)으로 개질한 아세테이트는 준천연섬유이다. 4대 합성 섬유에는 나일론, 폴리에스터, 아크릴, 스판덱스가 있다. 각종 섬유 원료는 먼저 방적(또는 방사) 기술에 의해서 섬유인 실로부터 만들어진다. 실은 제직 및 편직 기술에 의해서 각각 직물/편물로 전환되고 연이은 염색/가공/봉제에 의해서 의류로 제품화된다.

다단계이며 손이 많이 가서 많은 직공이 필요한 노동집약적인 섬유산업은 인건비가 저렴한 산업화 초기 과정의 신흥 개발도상국가만이 할 수 있다. 한국전쟁 후 경공업에 편중되었던 시절인 1953년 SK 창업회장 최종건이 설립한 선경직물(SK 모태기업, 현 SK 네트웍스)이 선택한 첫 먹거리는 아세테이트와 폴리에스터 직물이었다. 대한민국 제1차 경제개발 5개년 계획(1962~1966년) 시절 SK 선대회장 최종현은 폴리에스터 섬유를 손에 쥐었다. 용감했던 최종건, 최종현 형제들은 '강의 상류에 물이 마르면 하류에 물이 흐르지 않는 것처럼 직물공장은 원사를 제대로 공급받지 못하면 제대로 제품을 생산할 수 없다'면서 업스트림(원료생산)에서 다운스트림(제품생산)까지 일관생산체제를 갖추는 것에 집착하였다. 이렇게 SK의 수직계열화 이야기는 시작된다.

1938년 미국 듀폰이 최초의 합성 섬유인 나일론을 생산하였고, 미국의 맞수인 영국은 폴리에스터 섬유에 주목한다. 1941년, 영국 Calico Printers사의 Whinfield와 Dickon은 TPA(테레프탈산)와 EG(에틸렌글리콜)로부터 PET(폴리에틸렌테레프탈레이트)라는 폴리에스터 수지를 최초로 합성하였다. 이후 영국의 ICI에서 1946년에 특허권을 확보하여, 1948년에 PET 수지를 공업화하였다. 당시 나일론 섬유로 세계를 제패한 듀폰을 상대하고자 ICI는 독자적으로 폴리에스터(PET) 섬유 개발을 추진하였으나 양산은 실패하였고 결국은 듀폰과 합작으로 PET 수지를 용융 방사하여 실크와 같은 촉감과 광택을 갖는 PET 섬유를 상업화하였다(ICI의 Terylene 및 듀폰의 Dacron 브랜드, 1953년).

일본에서는 ICI의 PET 섬유 제조기술을 테이진에서 일찍이 도입하여 1958년 양산하였고 일본 시장을 제패하였다. 당시 대한민국 정부의 제1차 경제개발 5개년 계획에 합섬분야 원사공장이 포함되면서 국내 직물업체들은 나일론·폴리에스터·아크릴 원사공장 건설에 나선 상황이었다. 한국나이롱(1957년, 현 코오롱)과 동양나이론(1966년, 현 효성)은 나일론 섬유를 먹거리로 선택하였다. 한편, SK는 PET 섬유에 달려들었고 결국 선경합섬(현 SK케미칼)이 일본 테이진과의 합작기술로 국내 최초로 1969년 PET 섬유 제조를 시작하게 되었다(SKYRON 브랜드). 1978년에는 국내 최초로 섬유용 PET 수지도 생산하여 폴리에스터 수지 → 폴리에스터 섬유 → 폴리에스터 직물의 1차 섬유 수직계열화가 이루어졌다.

PET 폴리에스터 수지를 업스트림으로 수직계열화하고 싶었던 SK는 1980년 대한석유공사[16] 인수에 성공하고 1988년 해외 유전 개발도 성공한다. SK가 정유회사를 품고부터는 나프타의 자급이 가능해져 NCC 공정을 통해 얻어지는 PX(파라자일렌)로부터 PET의 주원료인 TPA/DMT(다이메틸테레프탈레이트)가 국내 생산되었고(1989년, SK케미칼) 본격적인 석유화학산업에 진출한다(SK이노베이션, SK에너지, SK종합화학 출범). 1991년에는 드디어 '석유에서 섬유까지' 38년에 거친 수직계열화가 완성된다. 이러한 역사의 섬유산업은 우리나라 경제근대화의 상징이었고 1960~1970년대 한국 수출산업을 앞장서 이끌었지만 1970년대 중반 이후 정부가 경공업제품 수출에 편중돼 있던 국내 산업구조를 중화학공업 중심으로 개편하면서 화섬업계의 성장세는 꺾이게 된다. 또한 1980년대 들어 섬유사업은 사양산업이라는 인식이 퍼지기 시작했고, 결국 2000년에는 SK케미칼과 삼양사의 폴리에스터 섬유 부문이 합작하여 휴비스가 탄생하게 된다.

PET 수지는 섬유용 합성 수지로써 먼저 성공했지만 PET 필름은 투명성, 내충격성 및 굽힘 강도 등이 뛰어나기 때문에 광학용 필름으로 많이 사용하게 되었다. 대표적으로는 1954년부터 판매된 듀폰의 Mylar, ICI의 Melinex가 있다. 한편, PET 플라스틱 '롤 필름' 위에 자성체를 코팅한 자기 기록 테이프가 등장하여 오디오 카세트 테이프(1962년, Philips)와 VCR용 비디오 테이프(1972년, Philips)의 발명을 이끌었다. 또한 기체 투과성이 매우 낮기 때문에 1977년 미국 듀폰에서 연신 블로우 성형에 의한 탄산음료 용기로 처음 사용된 이래 전 세계적으로 PET 병(페트병)이 보급되었고 가볍고 휴대가 간편

16 옛 유공, 현 SK에너지, 1962년 설립된 대한민국 최초의 정유회사

하며 경제적인 소재라는 이유로 종래의 유리병 및 알루미늄 캔을 급속히 대체하였다. 그 시절 SK도 PET 수지 중심의 다운스트림 수직계열화가 진행되어 화학소재사업으로 전환하는 과정에서 선경화학(현 SKC)이 1978년 국내 최초로 자체기술로 PET 필름을 개발하였으며, 1980년에는 비디오테이프도 양산하였다. 1980년대 SK케미칼은 페트병용 PET 수지를 개발하게 된다.

'석유에서 섬유까지'의 수직계열화 완성 후에 SK는 섬유사업 초기 모델이던 일본의 테이진과 도레이처럼 다양한 석유화학, 정밀화학, 생명과학(의약)사업을 전개하고 성장하게 된다. 1998년부터 SK 그룹을 이끌고 있는 최태원 회장이 하이닉스를 인수하고 2012년 SK하이닉스가 출범하였다. SK는 반도체라는 제3의 성장 축을 구축하게 되었고 또 다시 수직계열화 작업을 시작한다. 2016년 반도체소재 기업인 SK머티리얼즈를 인수하였고 2017년에는 반도체용 웨이퍼를 생산하는 SK실트론도 인수하였다. 이외에도 SK에어가스, SK트리켐, SK쇼와덴코와 함께 종합 반도체소재 포트폴리오를 구축하고 반도체 수직계열화의 완성도를 높이고 있다. 미국에는 메모리반도체 첨단 패키징 제조시설을 짓는 프로젝트가 진행 중이며, 반도체의 다운스트림인 후공정(반도체칩 포장 공정)까지 수직계열화의 광폭 횡보를 보이고 있다. 최근에는 SK하이닉스의 히트 상품인 AI용 HBM이 삼성전자를 제치고 미국 엔비디아에 납품되며 불티나게 팔리고 있다.

SK그룹은 이제 창립 70년을 넘어서고 있다. 폴리에스터 직물회사로 시작했던 SK는 재계 2위까지 도약했으며, 사업영역은 에너지·통신·반도체·배터리·바이오 등을 아우르고 있다. 지금의 노년 세대는 선경직물의 닭표 안감, 봉황새 이불감, 깔깔이, 크레퐁, 앙고라 등의 히트상품을 기억할 것이다. 필자와 같은 교복세대인 장년들은 검은색 교복으로 전국이 다 똑같던 어린 시절에 '스마트(선경직물의 학생복 브랜드)' 학생복을 입고, SK그룹이 후원하고 차인태 아나운서가 진행했던 고등학생 대상의 MBC 장학퀴즈를 재미있게 보곤 했다. 추억의 물건이지만 SKC 카세트 테이프로 노래를 듣던 시절도 기억난다. 필자도 젊은 시절 선경합섬에서 몇 년을 보내면서 석유와 플라스틱을 배웠고 지금도 SK OB 모임에 나가 옛 동료들과 SK 추억의 시절을 가끔 회상하곤 한다.

대한민국의 현재는 반도체가 단연 효자 수출품목이다. 수직계열화 되어 있는 제조업은 강할 수밖에 없다. 이에 일가견 있는 SK가 반도체 분야에서도 선전하여 최씨 일가의 SK 100년을 기원한다. 참고로 우리나라 반도체 산업의 또 하나의 큰 축인 삼성전자의 모태 기업도 '엘리트' 브랜드의 학생복을 만들던 폴리에스터 직물회사인 제일모직(현 삼성물산)이다.

| 여기서 잠깐 | PET의 제법

PET는 플라스틱과 섬유용으로 둘 다 쓸 수 있는 수지이다. 흔히 페트병이라고 부르는 플라스틱 용기가 대표적인 PET 제품으로, PET 수지를 만드는 방법은 다음과 같다. 먼저, 에틸렌을 산화시켜 에틸렌옥사이드(ethylene oxide, EO)를 만든다. 여기에 수화 공정(hydration)을 적용해 에틸렌글리콜(ethylene glycol, EG)을 얻는다. 그 다음 파라자일렌(PX)을 산화해 테레프탈산(terephthalic acid, TPA)을 만들고, 이 TPA를 메탄올과 반응해 다이메틸테레프탈레이트(dimethyl terephthalate, DMT)을 얻는다. EG를 TPA와 축합 중합하면 물이 부산물로 빠져나오면서 PET가 완성된다. 이를 TPA 공법이라고 한다. 한편, EG를 DMT와 축합 중합하는 DMT 공법으로도 PET를 만들 수 있다. TPA를 잘 만드는 국내 기업으로는 롯데케미칼, SK케미칼, 삼남석유화학, 태광산업, 효성화학, 한화종합화학 등이 있다. EO는 LG화학과 롯데케미칼이, EG(및 MEG, DEG, TEG)는 LG화학, 롯데케미칼, 대한유화, 한화토탈 등이 생산한다. PET 수지는 코오롱플라스틱과 효성 등이, PET 필름은 SKC, 효성화학, 코오롱인더스트리 등이, PET 타이어 코드는 코오롱인더스트리, 효성첨단소재 등이, PET 섬유는 효성첨단소재, 휴비스 등이 각각 생산하고 있다.

| 여기서 잠깐 | PBT는 무엇인가?

PET와 같은 폴리에스터 계열의 플라스틱이지만, 한 수 위의 엔지니어링 플라스틱급 수지로 PBT(polybutylene terephthalate)가 있다(Celanese, 1970년). PBT는 강도, 내열성, 전기절연성, 치수안정성이 우수하며 유동성이 뛰어나 단시간 내 성형이 가능하고, 수분흡수율이 낮아 습도가 높은 곳에서도 사용할 수 있다. 전기·전자 부품(커넥터, 스위치, 오디오 부품 등) 및 자동차 부품(와이퍼암 등)에 주로 사용되며, 유리 섬유로 강화한 PBT 복합 재료 형태로도 많이 쓰인다. 국내에서는 LG화학, 삼양사, 코오롱이 1,4-뷰탄다이올과 테레프탈산 또는 테레프탈산다이메틸과의 축합 중합으로 PBT를 만들고 있다.

| 여기서 잠깐 | 색다른 폴리에스터인 불포화 폴리에스터와 알키드

벤젠의 직접 산화 또는 나프타의 C4 유분 중의 뷰테인(또는 뷰타다이엔)의 산화 반응에 의해서 생산되는 무수말레산(MA)과 에틸렌글리콜(EG)(또는 프로필렌글리콜)을 반응시켜 만들어지는 열경화성 수지를 불포화폴리에스터(unsaturated polyester, UP, 1942년 발명)라고 한다. UP는 스타이렌 등을 넣어서 함께 사용하며 주로 주형 경화시켜 성형품을 제조하는 데 쓰인다. 이때 유리 섬유를 넣고 보강시킨 것이 유리섬유 강화 플라스틱(GFRP)이다. 표면 코팅 및 도료, 욕조, 인공대리석, 볼링공, 가구용 타일, 보드 등의 제조에 사용되며, 국내에서는 애경화학, 용산화학이 무수말레산을 생산하고 있다. 불포화 폴리에스터 수지를 생산하는 대표 기업은 애경케미칼이다.

한편, 알키드 수지(alkydic polyester, 1926년 발명)는 저분자량의 폴리에스터 수지로 오쏘자일렌(OX)을 공기 산화시켜 제조된 무수프탈산(PA)을 글리세롤, 식물성 기름 또는 지방산 등과 반응시켜 제조되며 유성페인트와 같은 표면 코팅에 주로 사용된다.

34

그린피스도 칭찬한 폴리프로필렌(PP, 1954년)

생활용품 플라스틱의 제왕

파스텔 색조의 누드 톤을 나타내는 폴리프로필렌(polypropylene, PP)은 플라스틱 중에서 가장 가볍고(비중 0.9), 강도와 탄성 그리고 표면 광택이 우수하며, 무엇보다 수분(습기)을 잘 흡수하지 않아 박테리아가 번식하지 않는다. 또한 PP는 환경호르몬이 거의 없고, 소각 시 완전 연소되어 다이옥신과 같은 유해 물질이 발생하지 않아 환경단체 그린피스도 칭찬할 정도로 친환경적이다. 그렇기에 각종 생활용품과 자동차 내장 부품 등의 원료로 폭넓게 사용되고 있는 것은 어찌 보면 당연한 일이다.

PP는 PE와 유사하지만 더 단단하고, 녹는점이 160℃로 높아서 각종 제품을 PP에 포장한 채로 열탕 소독도 가능하고 전자레인지에도 사용되는 등 내열성이 좋아 고온이 필요한 의료용(살균) 제품과 가정용 제품(식기세척기 등)에 주로 쓰인다. PP는 PE와 함께 가장 많이 쓰이는 플라스틱이다. 국내에서 PP를 잘 만드는 기업으로는 LG화학, SK지오센트릭, 한화토탈, GS칼텍스, 울산피피, 폴리미래, S-Oil, 현대케미칼, 대한유화, 효성화학, 롯데케미칼, 한화케미칼, 대한유화 등이 있으며, 해외에는 엑손모빌, 다우케미칼, 시노펙, 라이온델바젤, 토탈 등이 있다.

| 여기서 잠깐 | 지글러와 나타의 합작품

1953년, 독일의 칼 지글러는 HDPE를 저압에서 만드는 일명 '지글러 촉매(4염화타이타늄/알루미늄알킬)'를 개발한다. 이 당시는 프로필렌과 같은 올레핀의 부가 중합이 라디칼 중합 기반뿐이었기에 수많은 연구자가 프로필렌의 라디칼 중합을 도전했지만, 얻어진 PP는 물성이 형편없었다. 1954년 이탈리아 밀란 공과대학의 화학자 줄리오 나타는 바로 직전인 1953년 개발된 지글러 촉매를 변형해서 그때까지 중합이 어려웠던 프로필렌을 쉽게 중합시켜 물성이 우수하고 상품성이 있는 PP를 만들어낸다. 그리고 나타는 후속 연구를 통해서 "지글러 촉매로 만들어진 PP는 매우 규칙적인 '입체 규칙성' 구조를 가진다"는 것을 밝혀낸다. 이러한 PP를 isotactic(동일 배열) PP라고 부른다. 이러한 연구를 기반으로 1956년 Montecatin사가 PP의 대량생산을 시작한다. 결론적으로 지글러와 나타 함께의 공헌으로 PP가 상업화된 셈이다. 훗날 학계에서도 같은 공로로 인정받아 그들은 1963년 노벨화학상을 공동으로 수상한다. 그리고 후학들은 지글러가 단독 개발했던 지글러 촉매에도 나타의 공헌을 추가하여 '지글러-나타 촉매'라고 부르고 있다.

지글러-나타 촉매를 이용한 중합 방법을 학술적으로는 배위 중합(coordination polymerization)이라고 하지만, 간단히 '지글러-나타 중합'이라고도 부른다. 지글러-나타 촉매는 에틸렌과 프로필렌뿐 아니라 다양한 단량체(알파 올레핀, 다이올레핀, 아세틸렌 등)에도 응용이 확장되기에 이 촉매의 발견은 고분자 중합에서는 대단한 업적이다. 현재에 이르러서는 촉매 활성이 더욱 높고 PP 구조의 규칙성이 더 증가된 지르코늄 기반의 메탈로센 촉매가 지글러-나타 촉매를 대체하여 사용되고 있다.

| 여기서 잠깐 | 코로나19시절 우리를 살린 PP 부직포

섬유 중 가장 비중(0.91g/㎤)이 낮고 가벼워서 물에 뜨는 섬유인 PP 섬유는 비흡습성 및 비흡수성이어서 박테리아가 번식하지 않으며 수계 오염(내산성·내알칼리성 등)에의 저항성도 매우 강한 특성을 가지고 있다. 폴리프로필렌 수지를 용융 방사한 후 열융착하여 제조한 PP 부직포는 강도가 우수하고 부드러운 장점이 있다. 부직포를 압착해 만든 필터가 바로 우리가 코로나19 시절 지겹도록 착용했던 보건용 마스크의 원료이다. 이외에도 PP 부직포는 에어컨, 공기청정기의 필터에도 사용된다.

35

1호 엔지니어링 플라스틱 POM의 발명(1958년)

엔지니어링 플라스틱(엔프라, EP)이란 무엇인가?

1958년, 듀폰에서는 우수한 강도와 탄성을 가지면서 연속 사용 온도가 100℃ 이상의 폴리아세탈을 발명하였고, 금속에 도전하는 플라스틱이라고 홍보하면서 엔지니어링 플라스틱의 역사가 시작되었다. 당시 상품명은 Delrin이었지만, 현재는 폴리옥시메틸렌(polyoxymethylene, POM)으로 명명하고 있다.

전문가들 세계에서 플라스틱은 연속적으로 사용 가능한 온도를 기준으로 일반 범용 플라스틱, 엔지니어링 플라스틱, 슈퍼엔지니어링 플라스틱으로 분류된다. 사용 온도 기준으로 100℃ 이하인 폴리에틸렌(PE), 폴리프로필렌(PP) 등은 범용 플라스틱에 속한다. POM이나 폴리카보네이트(PC) 등 연속 사용 온도가 100~150℃인 소재는 엔지니어링 플라스틱, 150℃ 이상은 슈퍼엔지니어링 플라스틱으로 분류한다. 통상적으로 엔지니어링 플라스틱은 '구조용 및 기계 부품에 적합한 고성능 플라스틱으로서 주로 금속 대체를 목표로 하며, 인장 강도는 500 kgf/cm^2 이상, 굴곡 탄성률 20,000 kgf/cm^2 이상, 사용 온도 100℃ 이상의 물성을 갖는 플라스틱'으로 정의된다. 사용 온도가 100℃ 이상인 엔지니어링 플라스틱은 범용 플라스틱에 비해 부가가치가 높으며, 기계적 강도, 내마모성, 강인성, 열변형온도, 내화학성 등이 크게 우수한 고성능 플라스틱인 만큼 자동차 부품, 기계 부품, 전자부품과 같은 공업적 용도로 주로 사용되며, 플라스틱 지퍼, 스키 부츠와 같은 생활용품에도 쓰인다. 특히, 자동차 분야에서 크게 활약하고 있다.

| 여기서 잠깐 | 자동차의 경량화 그리고 엔지니어링 플라스틱

1970년대 발생한 오일쇼크로 기름값이 치솟자 1980년대부터 자동차의 연비 향상, 경량화, 부품의 모듈화가 진행되었고, POM과 같은 자동차용 엔지니어링 플라스틱의 사용량이 급증했다. 현재에 이르러서도 전 세계적인 온실가스 감축과 각국의 연비규제 움직임으로 인해 보다 가벼운 자동차의 개발은 계속되고 있다. 일반적으로 1.5톤 승용차의 무게를 10% 줄이면 연비가 3.8% 향상되고 이산화탄소 배기가스는 4.5% 감소하며 차체의 내구수명은 1.7배 증가하는 것으로 알려져 있다. 한국을 비롯하여 미국, EU 등은 강력한 연비 규제를 이미 하고 있다. 이에 따라 각국의 자동차 제조업체들은 차량에 적용되는 소재의 경량화에 막대한 연구자금을 쏟아 붓고 있다. 여기에서 엔지니어링 플라스틱의 존재가치가 급부상한다. 엔지니어링 플라스틱은 무거운 금속 소재를 대체할 수 있을 정도의 강도와 내열성을 가지기에 자동차 경량화에 필수적으로 사용되어야 하는 소재이기도 하다. 자동차 분야에서는 이미 도어락, 와이퍼, 탱크용 탭 등이 POM과 같은 엔지니어링 플라스틱을 채택하고 있다.

대표적인 엔지니어링 플라스틱으로 폴리아마이드(polyamide, PA), 폴리카보네이트(PC), ABS, 폴리옥시메틸렌(POM), PET, PBT, MPPO가 있다. 한편, 엔지니어링 플라스틱보다 가격이 비싸고 연속 사용 온도 150℃ 이상을 나타내는 슈퍼엔지니어링 플라스틱(PSF, PPS, PI, PEEK, 아라미드, PAR, TPE, TEFLON 등)도 있다. 전체 시장에서 엔지니어링 플라스틱이 대략 90%를 차지하고 나머지 10% 내외가 슈퍼엔지니어링 플라스틱이 차지한다.

플라스틱의 분류

분류		종류
범용 수지		ABS(Acrylonitrile Butadiene Styrene) Acryl(Polymethylmethacrylate) ASA(Acrylonitrile Styrene Acrylate) EVA(Ethylene Vinyl Acetate) PE(Polyethylene) PP(Polypropylene) PS(Polystyrene)
범용 엔프라		Polyamide(Nylon): Nylon 66, Nylon 6, Nylon 610, Nylon 11, Nylon 12 Polyoxymethylene(POM): Homo-Polymer, Co-Polymer PC(Polycarbonate) Modified PPO PBT(Polybutylene terephthalate) PET(Polyethylene terephthalate) Polyester Elastomer
특수 엔프라	일반성형	PPS(Polyphenylene sulfide) Polyphthalic amide Nylon 46 Polysulfone Polyethersulfone Polyamide imide Polyether imide(ULTEM) PEEK(Polyether ether ketone) LCP(Liquid Crystal Polymer)
	압축성형	Polyimide(VESPEL) Polyarylate(EKONOL) Polytetrafluoroethylene(TEFLON)

POM은 무엇인가?

유백색의 수지인 POM은 결정성이 높고 강성, 내구성, 내마모성, 내열성이 우수하여 금속에 가장 가까운 소재로 평가받고 있는 엔지니어링 플라스틱이다. 내마모성과 치수안정성이 뛰어나 마찰과 마모가 요구되는 제품, 예를 들면 옷의 지퍼와 레일, 안전벨트, 기어, 베어링, 볼트, 스위치, 나사 등의 일반기계 및 정밀기계부품 등에 사용된다. POM은 듀폰에 의해 1958년 Delrin이라는 상표명으로 최초 개발되었고 에틸렌옥사이드로 변성된 Celcon(폴리아세탈 공중합체)은 1961년 Celanese에 의해 상업화되었다. 다른 플라스틱과 달리 석유 원료가 아닌 천연가스 또는 석탄으로부터 얻어지는 폼알데하이드를 원료로 한다. 국내에서는 코오롱플라스틱, 한국엔지니어링플라스틱 등이 POM을 생산한다.

| 여기서 잠깐 | POM의 제조법

천연가스(또는 코크스 가스) 중의 메테인을 산소와 수증기로 반응시키면 일산화탄소와 수소로 구성된 합성가스가 만들어진다. 이것을 다시 촉매에서 반응시켜 메탄올을 만든다. 메탄올을 산화시켜서 얻어지는 폼알데하이드를 삼량화하면 트라이옥세인이 만들어지는데, 이를 개환 중합하면 POM이 만들어진다.

| 여기서 잠깐 | 그 밖의 엔지니어링 플라스틱

- **폴리카보네이트(PC)**

1956년 독일의 화학자 헤르만 슈넬(Hermann Schnell)은 페놀에 아세톤을 축합 반응해 얻은 비스페놀 A와 포스젠을 축합 중합해 처음으로 PC 수지를 합성한다. 그리고 1958년 독일 바이엘(Bayer)이 양산화에 성공하여 성형재료와 필름으로 판매하였다(상품명 Makrolon). 이어서 1960년에는 미국 GE Plastic도 Lexan이라는 브랜드의 PC를 상업화하며, 각국에서도 공업화된다. 앞서 출시된 POM이 높은 결정화도에 따른 탁월한 기계적 물성으로 많은 사랑을 받았다면, PC는 기계적 물성과 충격에 대한 탁월한 성능으로 내구성이 뛰어나고, 가공이 쉬워 스마트폰과 같은 전자기기와 가전제품의 내·외장재로 널리 사용되고 있다. 또, 가시광선의 85% 이상을 투과시켜 유리를 대체하는 플라스틱으로도 쓰인다. 경쟁 소재인 PMMA(아크릴 유리)보다 50배 이상 강하고, 파손이 되더라도 유리처럼 파편이 튀지 않아 젖병이나 수족관의 유리, 안전 고글, 경찰 방패 등을 만들기에 적합하다. 국내에서는 롯데케미칼, LG화학, 삼양화성이 PC를 제조하고 있다.

- **폴리페닐렌옥사이드(PPO)**

1956년 미국의 GE Plastic(현, 사빅)은 2,6-자일레놀(페놀과 메탄올의 반응으로 만들어지는 2,6-다이메틸페놀)을 산화 커플링 중합하여 PPO 수지를 합성하는 데 성공한다. PPO는 전기 절연 및 방수성이 매우 우수하고 가성비 좋은 엔지니어링 플라스틱이다. 다만 유동성이 떨어져 가공이 어렵다는 단점이 있다. 그래서 내충격성 폴리스타이렌(high impact polystyrene, HIPS)을 블렌딩하여 사용한다. 이렇게 만들어진 것을 MPPO(modified PPO, 상품명 Noryl)라고 한다. MPPO는 가장 값싼 엔지니어링 플라스틱으로 자동차 휠 캡, 테니스 라켓, 사무기기, 정밀 기계 부품 등 다양한 분야에서 두루 쓰인다.

| 여기서 잠깐 | 사빅은 어떤 기업인가?

사빅(Saudi Arabia's Basic Industries Corp., Sabic)은 자국인 사우디아라비아의 풍부한 석유와 천연가스를 바탕으로 다양한 석유화학 제품을 생산한다. 중동뿐 아니라 미국, 유럽, 아시아 태평양 지역 등 전 세계 50여 개 국가에서 사업을 진행 중이며, 매출액 기준 세계 4위, 중동 1위에 랭크되어 있다. 2020년, 아람코(사우디아라비아 국영 석유 기업이자 국내 에쓰오일의 모회사)가 사빅의 지분 약 70%를 84조 원에 인수했다.

36

1호 슈퍼 엔지니어링 플라스틱, PI(1964년)

슈퍼엔지니어링 플라스틱(Super EP)은 특수 엔지니어링 플라스틱으로도 불리며 범용 EP와 비교할 때 내열성과 기계적 강도가 아주 우수하며 연속 사용 가능 온도가 150℃ 이상인 플라스틱이다. 가격이 일반 EP보다 2~10배로 비싸기에 주로 특수 용도에만 사용된다. 대표적인 슈퍼 엔지니어링 플라스틱으로는 PI, PSU, PEEK, PPS, LCP, PTFE, PAR 등이 있다.

1964년 미국 듀폰에서는 피로메리트산(PMDA)과 옥시다이페닐렌 다이아민(ODA) 등의 축합 중합에 의해서 고내열성 폴리이미드(polyimide, PI) 수지를 합성하고 처음으로 상품화하였다(상품명 Kapton). 비슷한 시기 GE도 Ultem이라는 이름으로 PI를 출시한다. 현재는 일본의 가네카, 도레이 등 그리고 한국에서도 제조한다. PI첨단소재는 코오롱인더스트리와 SKC가 합작한 SKC코오롱PI가 전신이 되는 회사로, 폴리이미드를 생산한다. 국내 유일의 PI 필름 제조사이며, 세계 시장 점유율 1위를 차지하고 있다.

이미드 화학 결합을 가지는 PI는 내열성이 매우 우수한 슈퍼 엔지니어링 플라스틱이다. 장시간 연속 사용 온도가 무려 170~260℃, 단시간 노출은 최대 480℃까지 가능하다. 또, 굉장히 질긴 성질을 가지고 있어 여러 번 접었다 펴도 구김이 생기지 않는다. 필름, 섬유, 성형물에 모두 적용이 가능해 다양한 분야에서 활용되고 있다. PI는 크게 두 가지 유형으로 분류된다. 먼저 갈색을 띠는 불투명 PI는 주로 연성 회로 기판(flexible PCB, FPCB) 하단부에 베이스 필름으로 사용되며, 색깔이 없는 투명한 PI는 폴더블 스마트폰 디스플레이의 커버 윈도용으로 쓰인다.

1970년대 들어서서 폴리페닐렌설파이드(PPS), 폴리뷰틸렌테레프탈레이트(PBT), 폴리이미드(PI), 액정고분자(LCP) 등 슈퍼 엔지니어링 플라스틱이 대거 발명된다. 그리고 1979년, 드디어 미국에서 플라스틱의 총 생산량이 철강의 총 생산량을 추월한다. 플라스틱의 전성시대가 도래한 것이다.

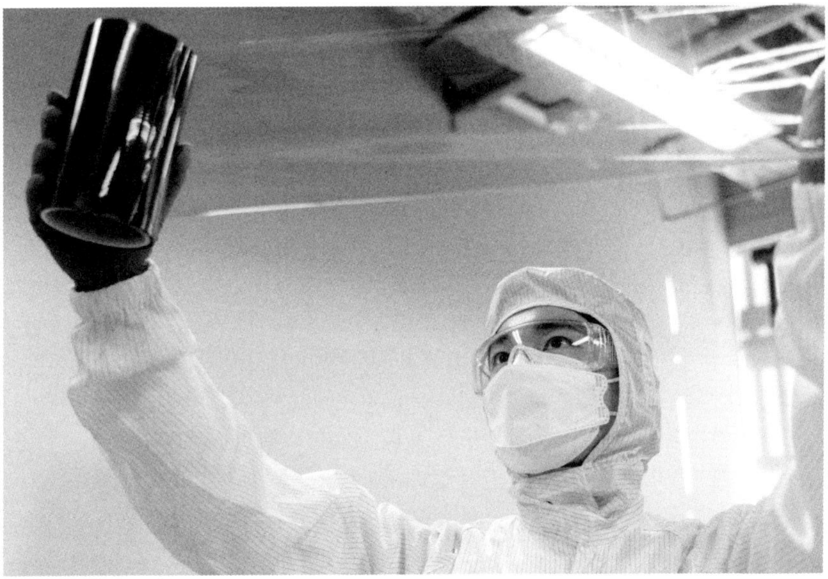

다양하게 활용될 수 있는 폴리이미드 필름
(출처: Zoey106 / Shutterstock)

| 여기서 잠깐 | 그 밖의 슈퍼엔지니어링 플라스틱

• PEEK

폴리에테르에테르케톤(polyether ether ketone, PEEK)은 초내열성(연속 사용 온도 250℃, 유리 섬유 등으로 강화하면 300℃급)을 지닌 슈퍼 엔지니어링 플라스틱이다. 영국의 ICI에 의해 1980년에 개발되었다. 슈퍼 엔지니어링 플라스틱이지만, 성형 가공이 용이하여 플라스틱 애호가들이 가장 선호하는 소재이다. 자동차 엔진 부품, 전선과 케이블, 반도체 설비, 2차 전지, 로봇, 우주 항공산업 부품 등 다양한 분야에서 쓰이고 있다. 국내에서 PEEK 수지를 생산하는 업체는 없고 전량 수입하며, ㈜한국고분자 등에서 가공 플라스틱 제품을 위주로 생산되고 있다.

• 폴리설폰

다이클로로로다이페닐설폰과 비스페놀 A의 축합 중합에 의해서 만들어지는 폴리설폰(polysulfone, PSU)은 최대 170℃의 연속 사용 온도를 갖는 내열성을 필두로, 내충격성, 치수안정성, 내약품성, 전기적 특성이 우수한 소재로 미국의 UCC가 1965년에 개발하여 Udel이라는 상품명으로 출시되었다. 폴리카보네이트(PC)의 대체품, 혈액투석용 멤브레인 재질, 기계 부품, 인공호흡기, 자동차 퓨즈 등 여러 분야에서 사용되고 있다. 바스프(BASF), 솔베이(Solvay), 가르다(Gharda), 스미토모화학(Sumitomo Chemical) 등의 해외 기업에서만 PSU를 생산하며, 아직 국내 기업 중에서는 생산되고 있지 않다.

• PPS

다이클로로벤젠과 황화 나트륨을 축합 중합시켜 만들어지는 폴리페닐렌설파이드(polyphenylene sulfide, PPS)는 내열성, 내약품성, 강도, 전기절연성 등이 우수한 소재로 1971년 필립스에 의해 개발되었다. 전자레인지의 가이드 롤러, 스팀 다리미, 고전력용 구조물, 석유화학 공장의 설비 부품, 자동차 후드 내 각종 부품(배기가스 밸브, 각종 센서) 등 내열성이 요구되는 분야에서 주로 사용되고 있다. PPS는 SK케미칼이 다년간의 연구 끝에 상업화에 성공하였으며, 이를 HDC현대EP에 매각하였다.

• PAR

비스페놀 A와 테레프탈산과 아이소프탈산의 혼합산을 반응시켜 만들어지는 폴리아릴레이트(polyarylate, PAR)는 매우 높은 내충격성, 내열성, 난연성을 갖고 있으며, 전기·전자, 정밀 기계 부품, 자동차, 의료 분야 등에 쓰이고 있다. PAR은 일본의 유니티카(Unitika)가 「U 폴리머」의 상품명으로 최초로 공업화하여 생산하고 있다. 이외에도 쿠라레이(Kuraray) 등에서도 생산된다.

• **LCP**

LC(액정)의 특성을 갖는 고분자를 액정고분자(Liquid crystal polymer, LCP)라고 한다. 유리 섬유나 탄소섬유를 별도로 첨가하지 않아도 고급 물성이 발현되는 자체 보강 수지로, 높은 열산화 안정성과 고탄성, 고내열성, 유동성을 갖춰 전기·전자, 자동차 등 여러 분야에서 사용된다. 하이드록시벤조산(HBA)과 하이드록시나프토산(HNA)을 고온에서 축합 공중합하는 공정으로 1985년에 상업화된 Hoechst Celanese사의 Vectra가 유명하며, 국내에서는 세양폴리머가 LCP를 생산한다.

37

환경단체의 거센 플라스틱 공격(1980년대~현재)

플라스틱 시대의 부작용

2차 세계대전(1939~1945년) 시기를 포함하는 1950년대 이후에는 선진국을 중심으로 플라스틱 소재가 천연소재를 빠르게 대체하기 시작하였다. 이에 따라 1960년대에는 제품별 시장이 점차 커지고 기술이 축적되면서 신제품 개발과 상업화에도 가속도가 붙었으며, 대량 수요를 불러올 만큼 대량생산 체제를 갖추게 되었다. 1970년대에는 플라스틱의 대량생산에 따른 에너지 대량 소비, 공해 문제, 폐기물 문제들이 수면에 떠오르기 시작한다. 녹슬거나 썩지 않는다는 점은 플라스틱의 가장 큰 장점이었지만 처리 곤란의 쓰레기로 자리 잡게 된 까닭이기도 했다. 폐플라스틱을 태우면 다이옥신과 같은 독성 물질을 내뿜고 땅에 묻으면 지하수와 토양을 오염시키니 골칫덩이가 됐다. 이러하니 1980년대 들어서는 환경 단체들이 플라스틱에 대한 공격도 거세지기 시작하고, 다양한 환경 이슈가 대두된다.

부작용 #1, 환경 호르몬

환경호르몬(endocrine disrupter, 내분비계 교란물질)은 전 세계적으로 생물 종에 위협이 될 수 있는 물질로 오존층 파괴, 지구 온난화와 함께 세계 3대 환경 문제 중의 하나다. 환경호르몬은 '인체의 내분비 계통에 이상을 일으킬 가능성이 있는 물질'을 통틀어 이르는 말로 생식기능과 면역기능을 약화 또는 파괴하거나 기형 성장 장애 등을 가져오는 유해 화학 물질로 후대에까지 영향을 줄 수 있다. 플라스틱의 경우에 주의해야 할 환경호르몬은 프탈레이트계의 가소제와 비스페놀 A(BPA)이다. 플라스틱 제품을 유연하게 하는 DEHP와 같은 가소제는 세계자연기금(WWF)이 환경호르몬 67개 물질 중 하나로 분류했고 가소제를 많이 사용하는 폴리염화비닐(PVC)는 환경호르몬 위험 물질리스트에서 제일 먼저 언급되는 플라스틱이다. 우리나라에서도 2012년부터 비스페놀A가 함유된 젖병은 제조가 제한되고 있다.

부작용 #2, 온실가스

플라스틱은 석유를 원료로 하기에 기후 변화의 주범으로 낙인 찍혀 있다. 석유 시추 및 플라스틱 원료 추출부터 플라스틱 생산, 소비, 폐기에 이르는 전 생애 주기에 걸쳐 온실가스를 뿜어내 지구 온난화에도 큰 영향을 미치는 것으로 알려져 있다. 2022년도 OECD 자료에 의하면 플라스틱의 생애 주기 온실가스 배출량은 19억 톤으로 전 세계 온실가스 배출량의 3%에 해당한다고 보고되고 있다.

부작용 #3, 범람하는 플라스틱 쓰레기

2015년 코스타리카 해안에서 코에 플라스틱 빨대가 꽂혀 고통스러워하는 바다거북의 동영상이 유튜브에 올라가서 전 세계 6,000만 명이 보는 등 파장이 커지자, 미국 시애틀시가 플라스틱 빨대 사용을 금지하였고 스타벅스, 아메리카항공 등 기업들도 속속 동참했었다. 우리나라 정부도 한때 카페에서 플라스틱 빨대 사용을 금지한 바 있다.

국제 해양 환경 단체인 오션 컨서번시(Ocean Conservancy)에 의하면 현재 바다에는 1억 5,000만 톤 이상의 플라스틱 쓰레기가 떠다니는 것으로 추정된다. 태평양에는 조류의 흐름에 따라 한 곳에 플라스틱 쓰레기가 모여 남한 면적의 16배 크기인 180만 km^2(2023년 기준)의 '플라스틱 섬'이 실제로 존재한다. 자연 보호를 위해 발명되었던 플라스틱이 다시 자연에 아픔을 주게 되었다. 하지만 쓰레기를 마구 버리는 인간도 책임을 져야 할 것이다.

부작용 #4, 미세 플라스틱

제대로 관리되지 않은 폐플라스틱은 바다를 비롯한 자연 환경에 방치되어 광분해, 부식, 풍화 등의 과정을 거치며 잘게 쪼개진다. 이렇게 형성된 미세 플라스틱이 다양한 생태계 먹이사슬을 통해서 다시 우리의 밥상으로 돌아오는 상황에 대한 불안과 우려가 점차 커지고 있다. 미세 플라스틱을 플랑크톤이나 물고기, 바닷새 등이 먹이로 오인해 섭취할 수 있기 때문이다. 최근 서울시는 도심 대기 1 m^3에 미세 플라스틱이 평균 70개 있다는 검출 결과를 발표하기도 했다. 숨만 쉬어도 미세 플라스틱을 들이 마시게 되는 상황에서 건강에 대한 불안도 확산하고 있다. WHO(세계보건기구)는 150 마이크로미터 이상의 미세 플라스틱은 소화기관을 따라 몸 밖으로 배출된다고 한다. 미세 플라스틱 노출을 피하려는 노력은 필요하지만, 지나친 공포감도 바람하지 않은 이유다. 그렇다고 쓰레기를 마구 버려서도 안 된다.

| 여기서 잠깐 | 미세 플라스틱이란?

미세 플라스틱은 1마이크로미터(100만분의 1미터)에서 5 mm 정도의 플라스틱 조각을 말한다. 하지만 나노미터(10억분의 1미터) 수준을 포함하는 경우도 있다. 치약이나 각질 제거 화장품에 쓰려고 의도적으로 미세 플라스틱을 만드는 경우도 있지만, 대부분은 폐플라스틱이나 비닐이 마모/분해되거나 합성 섬유가 세탁 과정에서 떨어져 나와 잘게 부서진 것들이다.

플라스틱의 자연 보호

플라스틱의 출발은 천연 자원을 대체하기 위한 것이었고 그로 인해 자연을 보호할 수 있었다. 오늘날에도 여전히 그러하다. 현재 건물 창틀의 재료로 많이 사용되는 PVC 플라스틱 대신 나무를 사용한다면 1년에 서울시만 한 산림이 없어질 것이다. PET 폴리에스터와 같은 합성 섬유가 없다면 지구상에는 동물이 남아있지 않을 것이다. 자동차의 금속 부품을 엔지니어링 플라스틱으로 대체함으로써 광물 자원을 크게 절감하고 있다. 또한 플라스틱은 자동차와 항공기의 경량화를 이끌어 연료 효율을 높이고 탄소 배출량을 줄이기도 한다. 건축물의 단열 효과도 높여서 에너지 사용량을 줄이고 식품의 장기 보존과 운송도 가능하게 한다.

이처럼 플라스틱 재료는 자연의 이치를 모방하여 인간이 인위적으로 만든 것이고 자연을 보호하고 있다. 또한 플라스틱 덕분에 지구상 80억 인류가 소비하는 많은 양의 물건들을 만들 수 있는 것이다.

| 여기서 잠깐 | 나무 펄프로 만든 종이, 정말 친환경일까?

전 과정 평가(life cycle assessment, LCA)에 의하면 종이 봉지는 플라스틱 봉지보다 제조 시 물 사용량이 26배, 이산화탄소 발생량은 1.6배, 재활용 시 필요한 에너지는 85배라고 보고되고 있다. 한편, 종이 빨대와 플라스틱 빨대를 비교한 2024년 환경부 용역 보고서에 따르면, 생산부터 폐기 과정까지 종이 빨대가 이산화탄소 배출은 4.6배, 토양 산성화 정도는 2배, 부영양화 물질 배출은 4만 4,000배 이상 많은 것으로 나타났다. 그 이유는 종이 빨대가 물에 젖는 것을 막기 위한 코팅에 각종 화학 물질이 쓰이기 때문이다.

그동안 플라스틱은 썩지 않는다는 사실만을 놓고 자연환경을 훼손시킨다는 결론도 많았다. 우리가 환경을 염려하는 태도는 바람직하지만 무조건 종이 빨대를 써야 한다는 친환경 도그마에 빠지는 것은 경계할 필요가 있다. "무엇을 출발로, 어떻게 생산되고, 어떻게 사용되다가, 어떻게 폐기되는가"라는 전체 과정을 놓고 플라스틱 제품이 환경에 미치는 영향을 평가해야 할 것이다.

우리나라는 플라스틱을 가장 많이 소비하는 국가 중 한 곳이므로 플라스틱 사용의 부작용을 더 심각하게 바라보아야 한다. 우리만의 문제를 넘어서 심각한 환경오염으로 이어지기 전에 지구와 우리의 건강을 지키는 것은 선택이 아닌 책임이다. 우리들은 너무 손쉽게 사용되는 일회용 플라스틱의 사용을 최대한 줄이고 최근의 미세 플라스틱 문제 역시 심각하게 받아들여야 한다. 플라스틱과 공존은 어쩔 수 없지만 부작용은 줄여 나가야 한다는 것을 꼭 기억하길 바란다.

• 4부 •

21세기:
새로운 시대를 향하여…

38

시작되는 규제

플라스틱으로 인한 오염이 심각하다고 해서 플라스틱 없이 살아갈 수는 없다(위드 플라스틱 시대!). 하지만 1990년대부터 전 세계적으로 플라스틱 문제의 심각성에 대한 인식이 높아짐에 따라 플라스틱 규제가 현실화되었고, 우리는 이를 받아들여야 한다.

1992년 브라질의 리우데자네이루에서 개최된 "환경과 개발에 관한 유엔회의"에서 지구 환경을 보존하기 위한 〈환경과 개발에 관한 리우 선언〉이 채택되고 세계 각국의 플라스틱의 문제가 크게 대두되었다. 2002년에는 세계 최초로 방글라데시가 국가 정책으로 비닐봉지 사용을 금지했다. 2018년에는 유엔이 '세계 환경의 날'을 주제로 'Beat Plastic Pollution(플라스틱 오염의 종말)'을 채택하였고, 플라스틱 규제 논의가 심각하게 진행되었다. 이에 자극을 받은 듯이 같은 해 12월에는 관광지로 유명한 인도네시아의 발리에서는 비닐봉지, 스티로폼, 플라스틱 빨대 사용을 금지하는 법적 규제안이 통과되기도 했다. 2022년 3월 제5차 유엔환경총회(UNEA)에서는 2024년까지 법적 구속력을 지닌 국제 협약을 마련하기로 결의하기도 했다. 이 협약은 플라스틱 생산, 소비, 폐기물 예방/관리/처리까지 전 주기에 관한 의무사항을 설정하고 모니터링 체계를 구축하는 것이 그 목표이다. 결국, 범람하는 쓰레기로 인해서 국제적인 플라스틱 규제가 현실화되기 시작한다.

한편, 우리나라에서는 국내 폐기물 수출업자들이 2017~18년 동안 재활용할 수 없는 폐플라스틱 1만 6천여 톤을 필리핀으로 불법 수출했다가 현지인의 항의를 받고 국제적으로 망신을 당하기도 했다. 또한 2018년 4월에는 중국에서 빚어진 비닐 쓰레기 수입 규제에 따른 비닐 쓰레기 파동을 겪게 되었고, 결국 플라스틱 쓰레기 문제에 대한 사회적 담론이 형성되었다. 이에 환경부는 2018년 '재활용 폐기물 관리 종합대책'을 내놨다. 이는 제조와 유통, 배출, 수거, 재활용까지 플라스틱 사용 전반을 아우르는 관리 대책이며, 2030년까지 플라스틱 폐기물을 50%까지 줄이고, 재활용률은 34.4%에서 70%까지 높이는 계획이었다. 드디어 2018년 8월부터 우리나라도 전국적으로 매장 내 일회용 플라스틱 컵 규제, 마트·백화점·슈퍼마켓 등에서 일회용 비닐봉지 사용 규제 정책을 시행하게 된다. 현재에 이르러 유통업계는 대형 마트를 중심으로 친환경, 재활용 포장재를 사용하거나 재활용 패키지를 도입하고 있다. 경영적 차원이든 이윤추구를 위한 이미지 메이킹이든 이러한 움직임 자체는 환영할 일이다. 그러나 명확한 영역 내에서만 일회용 플라스틱 제품 사용 규제가 이루어지고 있고, 정책 사각지대에서 플라스틱은 여전히 남용되고 있는 것도 현실이다.

한 해 우리나라의 폐플라스틱 발생량은 1,200만 톤 정도이고, 우리 국민도 무분별한 플라스틱 사용에 대한 심각성을 알고 있다. 플라스틱 폐기물 문제는 전 세계 공통의 문제이며 자원 순환형 사회로의 전환은 이제 피할 수 없는 선택이 되고 있다. 다만 플라스틱을 줄이기 위해 시민들에게 불편함을 강요하는 기존 방식으로는 문제 해결에 한계가 있다. 카페에서 제공하는 일회용 플라스틱 빨대가 그 예다. 플라스틱의 이슈는 어떻게 쓰느냐, 어떻게 버리느냐, 어떻게 처리하는냐의 문제이지 플라스틱 자체를 악마화해선 플라스틱 문제를 해결할 수 없다. 결국 '폐플라스틱 관리'에 손을 대야 한다.

| 여기서 잠깐 | 그래도 대한민국은 쓰레기 분리수거의 모범국이다.

분리수거의 목적은 쓰레기를 줄이고 자원을 재사용 하는 것이다. 한국은 1970~80년대 급속한 경제성장으로 쓰레기가 급증했고 1983년 서울에서 처음으로 종이, 유리, 깡통의 3종 분리 수거를 시행했다. 1986년 재활용 개념의 폐기물 관리법이 도입되었으며, 1995년 '쓰레기 종량제'를 전국적으로 실시했다. 분리수거를 통한 재활용품은 새로운 제품의 원료가 되고 음식물 쓰레기는 퇴비로 썼다. 현재에 이르러 재활용 및 퇴비로 이용되는 비율이 59%, 소각을 통한 에너지 재활용이 24%로 한국의 재활용 비율은 경제협력개발기구(OECD) 국가 중 상위권을 기록한다.

39
썩을 운명의 플라스틱, 바이오 플라스틱

우리가 과거 석기시대로 돌아가 살 수 없듯이 오늘날 플라스틱 없이 살아가기는 힘들 것이다. 그렇다면 앞으로 우리는 플라스틱과 어떻게 살아야 할까? 과학자나 연구자들은 썩지 않는 플라스틱으로부터 유래되는 문제를 해결하기 위해 바이오 플라스틱(또는 '생분해성 플라스틱')을 발명한다.

생분해성 플라스틱이란?

친환경 플라스틱은 재활용이 용이한 플라스틱을 기반으로 하는 리사이클링(recycling) 제품과 바이오 기술을 적용한 생분해 제품으로 나뉜다. 이 중 생분해성 플라스틱(biodegradable Plastic)은 흔히 말하는 썩는 플라스틱이며 사탕수수, 옥수수, 오일, 셀룰로스 등 천연 물질(또는 바이오매스)을 원료로 만드는 자연 유래 플라스틱으로, 바이오 플라스틱(bioplastic)이라고도 불린다. 원유로부터 만들어지는 합성 플라스틱과 달리 사용 후 매립하면 박테리아나 다른 유기 생물체(조류, 곰팡이 등 자연에 있는 미생물이나 효소 등)에 의해 6개월~1년 내 물과 이산화탄소, 메테인 등으로 완전히 분해된다. 일반 플라스틱보다 탄소 배출도 60~80% 줄일 수 있다. 이런 이유로 친환경 플라스틱 시장에서는 생분해성 플라스틱을 '게임 체인저'로 보고 있다.

| 여기서 잠깐 | 생붕괴성 플라스틱이란?

전분 파우더와 같은 생분해성의 물질을 필러(충진제)로서 범용 플라스틱(PE, PP, PS 등)에 첨가하여 부분적으로 생분해되는 플라스틱은 생붕괴성 플라스틱이라 한다. 물성이 좋아 생분해성 플라스틱보다 사용은 편리하고 현재 식품점 봉투, 쓰레기 봉투, 혼합비료 봉투, 작물 뿌리덮개 필름(Mulch film) 등에 적용되고 있지만 완전한 분해로 이어지지 않는다는 단점이 있다.

생분해성 플라스틱의 종류는?

생분해성 플라스틱은 석유 대신 옥수수 전분, 팜유 등 천연재료를 원료로 만든다. 대표적인 생분해성 플라스틱으로는 PLA, PHA, ISB, PO3G, PBAT가 있다. PLA(폴리락트산)는 다른 생분해성 플라스틱보다 가격이 저렴하면서도 물성이 우수해 빨대, 컵과 같은 생활용품부터 수술 후 몸속에서 분해되는 흡수용 실 등으로 쓰인다. 다만, 가공성이 다소 취약해 다른 합성 플라스틱과 블렌딩해 물성을 향상시키기도 한다. PLA는 2002년, 미국의 네이처웍스가 세계 최초로 양산하였으며, 현재 전 세계 1위 제조사로 자리매김하고 있다. SKC는 2009년 PLA 필름을 최초로 상용화하였으며, LG화학은 미국 곡물가공기업인 ADM[17]과 손잡고 옥수수로부터 LA(락트산) 및 PLA를 제조하는

17 글로벌 곡물 기업인 카길(Cargill)과 태국 최대 석유화학 기업 PTT 케미컬이 50:50으로 지분을 가지고 있다.

바이오 플라스틱 공장을 2025년까지 건설할 예정이다.

| 여기서 잠깐 | PLA의 제법

옥수수와 같은 곡물에서 추출되는 전분은 충분한 공급이 가능하고, 무독성에 가격까지 저렴해 이를 활용한 다양한 변성 기술이 개발되고 있다. 전분의 포도당(glucose) 단위로부터 젖산(lactic acid, LA)을 얻고 이를 이량화하면 락타이드(lactide)를 얻을 수 있다. 이를 개환 중합하면 생분해성 플라스틱인 폴리락트산(polylactic acid, PLA)이 만들어진다.

폴리하이드록시알카노에이트(polyhydroxyalkanoate, PHA)는 미생물이 식물 유래 먹이를 먹은 후, 세포 안에서 생산하는 천연 수지이다. 바닷물 속에서도 100% 생분해되는 유일한 소재로 생분해성 및 생체적합성의 특징을 갖는다. 제조 공정은 바이오 기반과 석유화학 기반으로 나뉘지만 현재는 바이오 기반으로만 생산되고 있다. PHA 중, 설탕 또는 에탄올의 발효에 의해 제조되는 폴리-3-하이드록시부티레이트(poly-3-hydroxybutyrate, PHB)는 비싼 가격에도 불구하고, 175℃의 녹는점과 우수한 인장 강도 및 내구성으로 의료용 봉합사, 필름, 섬유 등에 사용되고 있다. PHA는 축적된 미생물 발효기술을 가지고 있는 CJ제일제당이 개발에 착수하여 친환경 포장설계에 적용하고 있다. 롯데케미칼은 대규모 제품 양산이 가능한 석유화학 원료를 사용해 PHA 개발에 착수하였으며 포장재, 의료용 제품, 화장품 용기 등에 적용 시도하고 있다. 전분을 화학적으로 가공한 물질인 ISB(isosorbide)는 삼양이노켐이 상업화를 추진하고 있으며, PO3G(polyoxytrimethylene ether glycol 또는 바이오폴리올)는 SK케미칼이 연구 개발을 진행하고 있다.

| 여기서 잠깐 | 지방족 폴리에스터, PBAT

석유로부터 만들어지는 폴리에스터 수지는 부분적인 생분해성을 보이는 지방족 폴리에스터(숙시네이트계, 아디페이트계 등)와 생분해 특성은 없어도 기계적 물성이 보장되는 방향족 폴리에스터(테레프탈레이트계 등)로 나눌 수 있다. PET와 같은 방향족 폴리에스터는 미생물이 잘 먹지 않는 반면, 지방족 폴리에스터는 미생물이 상대적으로 잘 먹는다. 하지만 지방족 폴리에스터는 제반 물성이 부족해 제품으로 상용화하기가 쉽지 않다. PBAT(폴리뷰틸렌아디페이트테레프탈레이트)는 아디프산(AA), 테레프탈산(TPA) 그리고 뷰탄다이올(BD)로 만들어지는 폴리에스터 공중합 수지이다. 아디프산은 나일론 66의 원료, 테레프탈산은 PET의 원료, 뷰탄다이올은 PBT의 원료이기도 한데, 이들을 삼위일체로 조합시켜 만들어진 PBAT는 석유에서 뽑아낸 원료를 사용하지만 지방족과 방향족 특성을 모두 내포하고 생분해성 플라스틱의 범주에 들어간다.

가장 범용화된 생분해성 플라스틱인 PLA는 이미 상품화되어 있지만 유연성과 충격강도가 부족해 다양한 제품에 적용하기엔 한계가 있다. 녹는점이 170℃ 정도이고 강도가 우수하나 가공성이 취약하다는 단점이 있기 때문이다. 이를 보완하기 위해 여러 방법을 쓰는데 PBAT와의 블렌딩도 그중 하나이다. 이를 통해 생분해되면서도 플라스틱 봉투로서 적합한 물성을 얻을 수 있다. 독일의 글로벌 화학회사 바스프는 ecovio® 브랜드의 PLA/PBAT 블랜드 제품을 상품화하였으며 국내에서는 코오롱인더스트리, SK지오센트릭, LG화학이 PBAT의 상업화를 추진하고 있다.

"인류 최초의 플라스틱이 아직도 썩지 않았다"라고 하는 우스갯소리가 있다. 생분해성 플라스틱의 실용화는 아직 활발하지는 않으나 유럽 등지에서는 포장 완충재, 퇴비화 봉투, 위생용품, 코팅제, 농업용 필름, 식음료 포장용기와 접시 등의 일회용품 등으로 그 사용이 확대되고 있다. 앞으로는 점점 더 많은 부분이 보완된 바이오 플라스틱이 발명될 것을 기대해봐도 좋을 것이다.

40

플라스틱의 물리적 재활용, PCR

플라스틱을 줄이는 가장 좋은 방법은 새 플라스틱이 나오지 않게 하는 것이다. 한번 생산한 플라스틱을 여러 번 재사용하고, 폐기 후엔 화학적 처리를 거쳐 원료를 회수해 재활용하면 이미 세상에 태어난 플라스틱만 순환시킬 수 있다.

플라스틱 재활용

바닷속 바닥에는 수많은 어망(주로 나일론 소재 기반)들이 버려져 있다. 태풍이나 폭풍에 훼손돼 방치된 것들이다. 이런 어망은 수십 년이 지나도 썩지 않기 때문에 해양 생태계를 오염시킬 뿐 아니라 어패류의 산란까지 방해하는 바닷속의 대표적인 골칫거리다. 2019년 이탈리아의 패션 브랜드 프라다는 이렇게 버려진 어망을 회수해 리나일론(Re-Nylon) 프로젝트를 통해서 재생 나일론 소재의 가방을 만들었다. '가격은 비싸지만 바닷속 환경까지 생각하는 기업 이미지'를 만들 수 있기 때문에 세계적인 아웃도어 브랜드 노스페이스의 등산복과 푸마 가방도 폐어망으로부터 얻어진 나일론 실을 적용했고 기업은 이미지 메이킹에 성공한다. 국내 효성도 폐어망을 재활용해 만든 '마이판리젠'이라는 나일론 섬유을 선보였고, 휴비스는 버려진 페트병을 재활용해 실을 뽑았다(500 mL 폐페트병 5개로 반팔 티셔츠 하나를 만들 수 있는 실을 만들었다).

플라스틱의 재활용 방법 3가지

플라스틱을 재활용하는 방법은 크게 세 가지다. 먼저, 폐플라스틱을 잘게 부수고 녹이고 가공해 다시 플라스틱을 생산하는 방식인 물리적 재활용이 있다. 가장 쉬운 방법이지만 플라스틱을 선별하고 세척하는 데 비용이 많이 들고 품질이 떨어져 활용 분야가 제한적이다. 주로 열가소성 플라스틱 제품이 분리수거를 통하여 회수되어 이런 방식으로 재활용된다.

다음은 열적 재활용이다. 폐플라스틱을 소각해 에너지원으로 사용하는 것이다. 그러나 대기 오염 문제로 친환경적으로 보기는 어렵다. 플라스틱 업계는 그동안 이 두 가지 방식을 주로 활용해왔는데, 세 번째는 이제 막 설비 투자가 이뤄지고 있는 화학적 재활용이다. 화학공정을 통해 폐플라스틱을 분해해 원재료로 되돌리는 기술이다.

환경미디어 보도에 따르면 재활용 목적으로 수거되는 폐플라스틱 비율은 연간 생산량의 35~40%다. 15~20%는 물리적 재활용으로, 나머지 20~25%는 열적 재활용으로 사용된다. 나머지 60% 정도의 폐플라스틱은 매립 및 소각해 처리된다. 폐플라스틱의 절반 이상이 재활용되지 않고 대부분 버려지는 것은 경제성과 관련 있다. 수백 종에 이르는 다양한 플라스틱을 재활용하기 위해서는 동일 재질끼리 분류해야 하는데 사실상 불가능에 가깝고, 동일 재질끼리 분류하더라도 다른 화학 첨가제나 착색제가 포함되어 있으면 재활용이 쉽지 않다. 플라스틱이 대부분 매립, 소각 또는 단순히 버려지는 이유다.

플라스틱의 물리적 재활용, PCR

물리적 재활용은 다 쓰고 수거된 플라스틱을 파쇄한 후 세척하고 이를 다시 녹여서 재생 펠릿(초기 원료 단계, Pellet)으로 만드는 방법이다. 현업에서 주로 사용하는 용어인 PCR은 Postconsumer Recycle의 약자로, 소비자가 사용 후 버려진 폐기물을 물리적으로 재활용해 만든 원료를 말한다. 이렇게 만들어진 재생 원료를 버진 원료(순수한 원료)와 적절한 비율로 혼합하여 최종 제품을 만들어 낸다. 하지만 일정 횟수 이상 물리적 재활용이 누적되면 플라스틱 본연의 물성이 약화될 수 있다는 한계가 있다. 플라스틱은 종이처럼 재활용을 거듭할 때마다 품질이 나빠지는 특성을 가지고 있기 때문이다.

I 여기서 잠깐 I PCR PC란?

PCR PC는 일정 비율의 재생 원료 PC와 버진 PC를 혼합하여 만드는 물리적 재활용을 거친 PC(폴리카보네이트) 플라스틱이다. 재생 플라스틱에서는 고품질의 재생 원료와 수준 높은 물성을 구현하는 게 중요하다. 버려진 텀블러와 같은 PC 플라스틱으로 만든 제품을 수거하고 세척해서 펠릿을 만들고 이 펠릿을 일정 비율로 버진 PC와 혼합하는 과정을 컴파운딩(compounding)이라 한다. 이 컴파운딩 과정에는 높은 수준의 기술과 노하우가 요구된다. 이 과정을 지나 버진 PC와 동등한 수준의 내충격성, 내열성, 투명성 등을 갖춘 PCR PC가 완성되는 것이다. 이는 국내 LG화학이 주로 추진하는 방식이며 비슷하게 SK케미칼도 PCR-PET를, 롯데케미칼도 PCR-PP를 각각 재활용 시장에 소개하고 있다.

플라스틱이 썩지 않기 때문에 환경에 부하를 준다는 점은 당연히 소비자들뿐만 아니라 플라스틱 업계에서도 인지하고 있는 사실이다. 또한 뛰어난 물성을 가지는 생분해성 플라스틱을 찾기 어려운 것도 현실이다. 그래도 순환경제로의 패러다임 전환은 플라스틱 업계의 의무이기에 지금으로써 플라스틱을 대하는 가장 현명한 방법은, 구매 및 사용은 최소화하되 지금 가지고 있는 플라스틱을 잘 사용하는 것이다. 재사용(reuse)을 통해 접근하면 당장의 플라스틱 쓰레기를 조금이라도 줄일 수 있지 않을까.

41

폐플라스틱에서 기름을 짜내는 도시유전

정유의 역사는 1859년 최초의 원유 탐사 성공 이후 시작된다. 초기에는 증류 기술에만 의존하였으므로 등유 및 소량의 휘발유만 정제되었지만, 내연기관 자동차의 등장으로 점차 수요를 감당하지 못하자 원유를 정제하기 위한 새로운 방식들을 연구하기 시작했다. 그중에서 가장 큰 성과를 거둔 것은 열분해법으로, 벙커C유와 같이 크고 무거운 중질유를 열분해하여 경질유인 휘발유와 경유를 만들어낼 수 있었다. 이러한 석유의 열분해 기술은 현재에 이르러서는 석유화학단지 NCC(나프타분해설비) 공장에서도 동일하게 적용되어 나프타로부터 플라스틱 및 고무의 원료를 만들 때도 사용되고 있다.

최근에는 석유에 적용되었던 열분해 공정이 폐플라스틱의 재활용 공정에도 그대로 적용되어 플라스틱에서 기름을 짜내려 하고 있다. 독일 바스프는 수년 전 플라스틱을 진공 열분해하여 기름을 짜내고 이 기름을 다시 강하게 열분해하여 올레핀을 만드는 시범 기술을 선보였다. 산소가 없는 진공 상태에서 플라스틱을 열분해하기에 다이옥신 같은 유해물질이 생성되지 않는다고 시장을 설득하였다. 한편, 영국의 무라테크놀로지는 초임계 열분해 기술을 가지고 있다. 초임계 상태의 수증기를 열원으로 사용하여 플라스틱을 찌는 방식으로 기름을 더 효율적으로 짜내는 공정 기술이다. 미국의 브라이트마크사는 열분해유의 유화 공정을 이용한 우수한 후처리 정제 기술을 보유하고 있다고 한다. 이러한 기술들이 아직까지는 시범 단계에 있지만, 많은 플라스틱 중에서 특히 폴리에틸렌, 폴리프로필렌과 같은 폴리올레핀계 비닐 플라스틱을 잘 선별하여 열분해하면 기름을 짜기가 더욱 용이하다고 파악되며, 시장에서는 이러한 기름이 '열분해유(고열로 폐플라스틱을 분해하면 생기는 액체)'라고 불린다.

폐플라스틱 처리 문제에 있어서 아이러니는 불에 잘 타는 석유로부터 만든 플라스틱을 마음대로 소각하지 못하는 것이다. 플라스틱 세계에도 난연 및 불연 플라스틱이 존재하지만 폴리에틸렌은 대표적인 가연성 플라스틱이고 소각 시 상당량의 발열양을 얻을 수 있기에 사용 후 다시 연료로 사용하면 열 또는 전기 에너지를 얻을 수도 있다. 하지만 국제에너지기구(IEA)는 플라스틱 쓰레기로 만든 '고형폐기물연료(SRF)' 발전을 신재생에너지로 인정하지 않으며, 국내에서도 2017년 말 이미 준공한 SRF 열병합발전소의 가동이 늦어지는 상황을 고려하면 사실상 퇴출되는 분위기이다. 그나마 국내 시멘트 업체들이 탈석탄을 앞세우며 1,500~2,000℃에 가까운 초고온의 소성 공정에서 폐플라스틱을 유연탄 대신 연료로 쓰고 있다. 일반인들에게는 아직까지 플라스틱의 소각이 환경과 인체에 영향을 주지 않는다는 확신을 주지 못하는 상황에서 플라스틱을 열분해하는 것은 최선은 아니지만 매립이나 단순 소각보다는 나은 선택이다.

열분해유는 도시 유전으로도 불리우는데, 산유국에서 가져온 원유로 석유화학 제품을 만드는 게 아니라 도시에서 쓰인 플라스틱이 다시 원료가 되기 때문이다. 현재 열분해유는 저급 디젤이나 보일러 연료로 사용된다.

국내에서는 한화토탈에너지스, GS칼텍스, HD현대오일뱅크, LG화학, SK지오센트릭 등이 열분해유 정제 설비를 가지고 있다. 한국 정부는 열분해 기술이 폐플라스틱 소각의 대안이 될 수 있다고 판단하여, 2022년 폐기물 관리법을 수정해 열분해유를 연료 및 석유화학 제품의 원료로도 사용할 수 있도록 했다.

| 여기서 잠깐 | 화학적 재활용이란?

화학적 재활용(chemical recycling)은 폐플라스틱을 고온 열분해하여 초기 원료의 수준인 기름 또는 기초 유분 상태로 되돌리는 방법이다. 학문적으로는 고분자의 해중합(de-polymerization) 기술을 의미한다. 글로벌 기업 중에선 석유화학 1위 기업인 독일 바스프가 최초로 화학적 재활용을 상업화했다(폐폴리에틸렌으로부터 에틸렌을 뽑고 다시 재활용 폴리에틸렌 플라스틱을 만들었다). 이후 많은 국외 기업(미국 엑손모빌, 미국 이스트만, 미국 다우, 사우디아라비아 사빅 등)이 화학적 재활용 방식으로 플라스틱 재활용 시장에 뛰어들고 있으며, 국내에서도 한화솔루션, LG화학, 롯데케미칼, SK지오센트릭, SK케미칼 등이 뛰어들었다. 특히, SK케미칼은 버려진 페트(PET)를 열분해시켜 올리고머를 얻고 이를 폴리에스터 공중합체의 원료로 사용하는 기술을 최근에 선보이고 있다('에코트리아 CR', 화학적 재활용 코폴리에스터). 이렇게 만들어진 재활용 플라스틱은 일반 플라스틱보다 가격이 비싸다. 회수에 들어가는 비용 탓이지만 이 시장은 점차 늘어날 것으로 기대된다.

42

국내 정유 4사의 절박한 비정유 변신

땅 파서 기름만 파는 시대는 저물어 가고 있다. 기름회사가 플라스틱도 생산한다.

국내 정유 4사(SK이노베이션, GS칼텍스, 에쓰오일, HD현대오일뱅크)는 코로나19 시절인 2020년 5조 원 가까운 적자를 냈다. '위드 코로나 시대'로 전환된 2022년에는 억눌렸던 수요가 살아나고 국제 유가 급등으로 영업이익이 14조 원까지 치솟았다(2023년은 5조원 흑자). 하지만 2024년 들어 정유업체들의 실적이 심상치 않게 두 분기 연속으로 악화했고 3분기에는 정유 부문에서 2조 원에 이르는 대규모 적자를 냈다. 정유업계의 사업 재편이 필요하다고 생각하는 필자는 국내 정유업체들의 절박한 비정유 변신을 독자들에게 알려드린다.

정유회사들의 주된 수익구조인 정제 마진은 정제된 각종 연료 및 석유화학 제품 가격에서 생산비용을 뺀 금액이다. 글로벌 경기가 좋아서 유가가 높으면 석유제품 수요 증가로 원유정제시설 가동률이 상승하여 일반적으로 마진이 좋다. 하지만 경기가 나쁘면 전 세계적으로 지역 내 설비 신·증설

보류 및 수요 침체가 이어지면서 정제 마진이 낮은 수준이다. 오래전에는 정제 마진이 상당히 좋았으나, 근래에는 정제 마진이 예전 같지 않다. 이러해서 지난 십여 년간 국내 모든 정유사들은 엄청난 비용을 써 가면서 기존 잔사유 탈황시설을 선제적으로 첨단화하고 값싼 가격에 판매되던 중질유의 비율을 대폭 줄이면서 정유 고도화에 주력해 왔다. 정유 4사의 부단한 노력으로 각종 국제 규제에 잘 대응해 와서, 현재 해외로 많은 선박유를 수출하게 되었으며, 우리나라는 항공유 세계 수출 1위, 휘발유 및 경유 세계 수출 2~3위의 위치에 올랐다.

그러나 정유 사업만으로는 근본적인 업황 타개가 어렵다고 판단했던 정유 기업들은 그동안 비정유 사업인 석유화학 사업으로도 영역을 확대해 왔다. 과거에는 정유 기업이 석유화학 기업에 나프타를 공급하고, 이 나프타를 기반으로 석유화학 기업이 기초 유분(에틸렌, 프로필렌, 뷰타다이엔, BTX)을 생산했다면, 지금은 정유 기업도 기초 유분을 생산하여 PE, PP와 같은 범용 플라스틱을 직접 생산하는 방향으로 다각화해 온 것이다. 정유의 수익율은 보통 1~5%인데, 석유화학의 수익율은 5~15%이니 당연한 탈석유의 흐름이었다. 마찬가지로 기존 전통적인 글로벌 정유사도 이러한 트랜드를 앞질러 따라갔다. 세계 최대 정유사인 엑손 모빌과 중국의 시노펙과 같은 글로벌 메이저 정유사들은 유난히 에틸렌 투자를 멈추지 않고 있다. 세계 최대 석유회사인 사우디의 국영 석유회사 아람코는 자회사로 유명한 Sabic 석유화학회사가 있으며, 미국의 다우케미칼과 손잡고 합작한 사다라케미칼은 이미 2017년부터 각종 석유화학 제품, 특히 올레핀을 만들고 있어 왔다.

이미 4대 정유 기업 모두 매출의 약 10% 이상은 석유화학 제품에서 나오고 있으며, 수조 원을 더 투입해 석유화학 시설 투자를 계속 늘리면서 고부가 가치의 석유화학 제품 비율을 높여서 수익성을 개선하는 방향으로 사업을 펼쳐왔다. 하지만 최근 중국이 석유화학 제품군 기준으로, 순 수입국에서 순 수출국으로 입장이 바뀌면서, 해외 시장에서는 이미 값싼 중국 석유화학 제품이 범람하고 있다. 그동안 연료유 대비 석유화학 제품의 비율을 늘려 왔던 정유업계 입장에서는 큰 타격일 수밖에 없다.

한편, 국제에너지기구(IEA)의 2024년 '석유 보고서'에 따르면 비정제 제품(NGL, 바이오연료 등)에 대한 수요가 크게 증가하면서 글로벌 에너지 시장의 구조적인 변화가 가속화되고 있으며, 글로벌 정유 산업이 전통적인 정제 연료에서 벗어나 새로운 포트폴리오로 재편되어야 하는 중요한 시점에 와 있음을 밝히고 있다. 에너지 전환의 가속화와 전기차 확대, 탄소중립 정책이 세계 각국으로 확산되면서 석유 제품 수요가 줄어들기 때문이다. 따라서 국내 정유 기업들도 전통적인 징제 연료(가솔린, 디젤)의 수요 감소와 맞물려 시장 장기 불황에 대비해 '비정유' 부문의 포트폴리오를 재편해야 하는 도선 과제에 직면하게 되었다.

정유(그리고 석유화학 진출)만으로는 살아남기 힘들다고 본 국내 정유업체들의 절박한 변신은 이미 시작되었고 진행 중이다. 사우디아라비아 국영 석유회사 아람코의 자회사인 에쓰오일은 9조 2,580억 원을 투입한 '샤힌 프로젝트'를 진행하면서 국내 첫 정유석유화학통합공장(COTC)을 2023년 1월 착수하여 현재 건설 중이다. 2026년 완공 예정이며 산업의 쌀로 불리는 폴리에틸렌의 원료인 에틸렌을 180만 톤/년 생산하게 된다. COTC는 기존의 원유 정제와 열분해 등의 중간 과정을 하나로 통합한 높은 수율의 혁신 공정이기에 중국의 저가 공세에 맞설 수 있는 가격 경쟁력을 가진 기초 유분을 생산할 것으로 예상된다. 에쓰오일은 석유화학 제품의 생산 비율을 기존 12%에서 25%로 늘리는 것을 목표로 하고 있으며, 이외에도 전기차 및 수소차용 윤활유 기술 개발을 통해 친환경 자동차 시장에도 적극 대응하고 있다.

SK이노베이션은 이산화탄소를 일산화탄소로 전환하는 기술을 실증하는 데 성공했으며, 전기차에 필요한 냉난방 겸용 냉매제도 개발 중이다. 이는 전기차 시장 성장에 맞춘 중요한 전략적 다각화이다.

2조 7천억 원을 투자하여 여수에서 MFC(혼합유분 크래커 기반 올레핀 생산시설) 프로젝트를 진행하면서 석유화학에 진출한 GS칼텍스는 데이터 센터와 전기차 배터리 냉각에 사용되는 액침 냉각유와 같은 신제품을 통해 열 관리 시장을 공략하고 있으며, 바이오 연료 및 바이오 항공유(SAF) 관련 연구에도 집중하여 지속 가능한 연료 시장 선점을 추진하고 있다.

자회사인 현대케미칼에 3조 원 이상을 투자하며 HPC(heavy feed petrochemical complex, 중질유석유화학 설비) 프로젝트를 진행하고 있는 HD현대오일뱅크는 블루수소와 암모니아 크래킹 촉매 기술을 통해 수소 연료 관련 연구를 강화하고 있으며, 폐플라스틱을 화학적 재활용하여 연료로 사용하는 열분해유 기술(도시유전) 개발에도 속도를 내고 있다.

우리나라는 정유 제품 수출 세계 5위의 글로벌 석유 강대국이며, 정유산업은 에너지 안보와 국가 경제에 크게 기여하고 있는 국가기간산업이다. 근래 들어 중동 지역의 지정학적 불안과 중국을 포함한 글로벌 경기침체가 주요인으로 대부분의 산업이 불황에 직면했지만, 24년 3분기 국내 정유 4사가 동시에 대규모 적자를 낸 건 매우 이례적이다. 최근 대한석유협회장의 모 언론 인터뷰 내용을 독자들에게 소개하며 본 글을 마친다.

"국내 정유업계는 지난 17년간 평균 1.8%의 낮은 영업이익률에도 32조 원을 투자해 세계 5위 정제능력을 확보했으며, 그 결과 2023년 우리나라의 휘발유·경유 가격은 OECD 23개국 중 최저가를 기록했다. 이렇게 열심히 산업경쟁력을 키워왔고 국민경제에도 기여하고 있으니 탄소중립 시대를 지나고 있는 정유업체의 사업다각화에도 정책적 지원과 관심이 꼭 필요하다."

43

위기의 韓플라스틱 산업…
사업고도화 밀어붙인 日JSR서 배워야

한국 석유화학기업의 미래에 대하여 관련 업계의 우려가 매우 높다. 플라스틱과 같은 석유화학 제품 수요 감소와 함께 중국 기업들의 공격적인 투자로 그동안의 중국 기반 성장 동력이 힘을 잃고 있기 때문이다. 지금까지 국내 기업들은 비용 절감, 시장지배력 강화, 고부가 제품 매출 증대 등 다양한 전략들을 구사해 왔지만 이러한 노력들은 이미 한계에 도달한 것으로 인식되고 있다. 한국 석유화학 '진짜 위기'의 돌파구를 찾고자 하는 심정에서 단순한 고무제품을 만들던 석유화학기업에서 180도 변신하여 반도체 화학 시장을 지배하는 포토레지스트[18](PR) 세계 1위 선진 제조사인 JSR의 궤적을 살펴본다.

일본합성고무의 후신인 JSR은 1957년 세계적인 천연 고무 부족에 대처하기 위해 합성 고무의 국산화를 목표로 일본 정부와 민간 기업의 출자로 만들어진 회사였다. 1960년대 초부터 본격적인 합성 고무(SBR 및 SB latex) 및 기

18 빛으로 반도체 웨이퍼 위에 회로 설계를 반복적으로 인쇄하는 포토 공정에서 반드시 필요한 최첨단 화학소재

능성 수지(ABS) 사업을 시작하였으며, 1960년대 중, 후반 일본 고도 성장기와 맞물려 JSR은 글로벌 합성 고무 시장에서 2위로 올라섰고 1969년 민영화되었다. 1973~1974년 제4차 중동 전쟁과 1978~1980년의 이란 혁명에 기인한 석유 파동의 여파를 역시 피하지 못했던 JSR은 1970년대 극심한 불황을 견디면서 성장 동력의 부재로 고심하던 중 1979년 CIR(Nega형 포토레지스트) 판매를 시작으로, 1980년대부터 본격적인 포토레지스트 제조 사업을 시작했다.

수십 년간 일본에서 독점적 위치의 합성 고무 생산기업이던 JSR이 천문학적인 연구개발비가 필요하고, 지속적인 신제품의 출시가 요구되는 포토레지스트 사업과 같은 본업과는 전혀 다른 이질적인 사업을 수행하는 데에는 많은 어려움이 따랐다. JSR은 자본, 기술, 인프라가 절대 부족하다는 무수한 반대를 무릅쓰고 조직 전체에 반도체 화학소재 사업을 육성해야 하는 필요성과 경영진(그리고 열정적인 엔지니어)의 의지를 명확히 전파, 한계 사업을 정리하고 새로운 조직시스템을 갖추면서 신사업을 성장시켰다. 창립 40년을 맞은 1997년, 회사명을 영어인 JSR(Japan Synthetic Rubber)로 변경했고 반도체 화학소재 분야 글로벌 회사로 성장하게 된다. 화학소재에서 축적된 연구 개발 능력을 바탕으로 혁신을 추진한 결과 JSR은 정밀화학, 생명과학에서도 제2 및 3의 수익을 올리고 있으며, 현재 JSR의 매출 비중은 반도체 48%, 라이프사이언스 20%, 고무·플라스틱 29%, 기타 3%다.

전 세계 업계 점유율(30%) 1위 업체인 JSR이 포토레지스트 공급을 끊으면 삼성과 SK하이닉스 그리고 대만의 TSMC도 공장이 멈춘다. JSR이 지닌 포토레지스트의 압도적인 경쟁력 때문이다. 특히 최첨단 반도체 공정인 5 nm 이하 파운드리 공정에 필수적인 극자외선(EUV) 노광장비용 포토레지스트는 독보적이어서 삼성전자 칩 파운드리 사업부도 JSR의 EUV급 포토레지스트를 사용하고 있다. 2019년 일본이 대법원 강제징용 판결을 트집 잡아 반도체용 소재 관련 일본무역마찰이 발생했을 당시 한국으로 EUV급 포토레지스트에 대한 수출규제를 시행해 힘자랑을 했던 기업이 바로 JSR이다. 최근에는 일본의 국부펀드인 산업혁신투자기구(JIC)가 1조 엔을 투입해 JSR을 인수 추진하여 정부가 직접 육성하고 포토레지스트의 전략물자화를 노리고 있다. 반도체 산업을 부활시키기 위해 일본 정부는 한 번 민영화했던 JSR을 도로 사들이는 것이다.

중국 석유화학 시장의 대변혁으로 인해 국내 석유화학산업은 퍼펙트 스톰에 직면해 있을 만큼 위기 상황이다. 대규모 증설을 마친 중국 석유화학기업들이 범용성 제품 생산을 늘리면서 한국산이 더 이상 가격 경쟁력에서 우위에 설 수 없다. 또한 중국 내 주요 석유화학 제품의 자급률은 가파른 상승 기조이다. 특히 폴리에스터 섬유 및 페트병의 핵심 원료인 PX(파라자일렌)의 자급률 상승 폭이 가장 크다. 이에 따라 LG화학, 롯데케미칼, 효성화학, SKC 등 국내 메이저 석유화학 기업들이 잇따라 사업 재편에 나서면서 현재 한계사업 정리에 분주하다. 특히 국내 석유화학 제품 매출 1위 LG화학은 대산 SM(스타이렌 모노머) 공장 철거에 이어 석유화학 핵심 설비인 여수 NCC(나프타분해시설) 2공장을 매각 계획하고 있어 업계 안팎에 큰 충격을 줬다. NCC 공장은 석유화학 기초 원료인 나프타를 분해해 플라스틱, 합성 섬유, 합성 고무 등의 원료가 되는 에틸렌, 프로필렌, 뷰타다이엔 등 기초 유분을 추출해내는 공장이기 때문이다.

국내 석유화학사들은 지금까지 초기 산업 발전 모델이던 일본의 테이진과 도레이, 독일의 바스프, 미국의 듀폰 등처럼 다양한 석유화학, 정밀화학, 생명과학(의약)사업을 전개하고 성장해 왔다. 최근에는 생존을 위해서 석유화학보다는 이미 신사업(배터리 소재, 친환경 소재, 스페셜티 소재, 신재생 에너지 등)

으로 방향을 전환하고 있고 단기적으로는 여러 대응 전략을 만드느라 바쁘다. 하지만 장기적인 관점에서는 과거 고무회사 JSR이 걸어왔던 비슷한 길을 찾아야 할 것이다. JSR은 1980년대 제로베이스에서 아무도 가보지 않은 길을 선택했고, 그 길의 지속성에 대한 결론이 명확하지 않은 상황에서도 결국 사업 고도화에 성공하였으며 40년 후인 지금은 부가가치가 매우 높은 고기능 제품의 솔루션 사업모델을 확실히 틀어쥐고 있다. 한국의 석유화학, 골든 타임이 얼마 안 남았다. 기업은 다시 시작해야 한다.

44

한국의 플라스틱 산업이 나아가는 방향

우리나라 플라스틱 산업의 최대 경쟁국은 중국이다. 한때는 한국의 플라스틱을 포함한 석유화학 제품들을 가장 많이 수입하는 국가였지만, 지금은 상당수 제품들을 중국 기업들이 생산하며 자급률을 크게 높였다. 중국 기업들이 대규모로 범용 플라스틱의 설비 증설에 나서면서 전 세계적으로 공급과잉으로 가격이 크게 하락하는 등 변동성이 매우 커졌다. 이뿐 아니라, 중국 엔지니어링 플라스틱 제품들의 품질도 향상되어 이제는 한국 제품을 위협하는 수준에 이르렀다. 뒤에서는 중국과 오일파워를 바탕으로 한 중동의 사우디아라비아 등이 원가 경쟁력에서 우위를 점하고 있고, 앞에서는 미국, 일본과 같은 국가들이 고부가가치 소재 시장을 선점하고 있는 상황이다. 자원의 힘이 부족한 우리나라의 플라스틱 산업은 결국 일본이나 미국, 독일처럼 specialty plastic 중심으로 석유화학산업의 무게중심을 이동하고 미래를 위한 투자를 해야 한다. 또한 듀폰, 다우, 테이진, 도레이와 같은 글로벌 석유화학 기업들이 석유화학과 정밀화학을 거쳐 생명과학(의약·바이오 사이언스)으로 사업 영역을 넓힌 것처럼 국내 석유화학 기업들도 이러한 사례를 참고해 새로운 분야에 진출해야 한다.

이러한 상황에서 국내 석유화학 기업들은 다음과 같은 방향으로 나아가고 있다. 먼저 범용 제품 위주의 한계 사업은 과감하게 정리하고 있다. 또한 중국과의 초격차 사업 분야에서는 비용절감 및 시장지배력을 강화하며, 고부가가치 소재와 친환경 소재의 개발에 R&D 역량을 집중하고 있다.

예를 들어 효성 화학은 10년의 연구 끝에 세계 최초로 친환경 엔지니어링 플라스틱인 폴리케톤(polyketone, 상품명 포케톤)을 상용화하였다. LG화학은 독자적으로 개발한 열가소성 엘라스토머를 비롯해 고기능 플라스틱 개발에 힘을 쏟는 한편, 6개월~1년 내에 생분해가 되는 바이오 플라스틱 시제품 생산을 앞두고 있다. 또한 LG화학은 생명과학 사업과 더불어 자회사인 LG에너지솔루션을 통해 전기차 배터리 사업도 진행하고 있다. 그러면서 현재 중국을 제외한 글로벌 배터리 시장에서 시장 점유율 1위를 차지하고 있다. 또, SK케미칼은 제약, 바이오 사업을 진행하면서도 환경 호르몬 물질인 BPA 등을 사용하지 않은 코폴리에스터 접착제를 개발했으며, 옥수수를 발효해 만드는 바이오 원료를 바탕으로 바이오폴리올을 생산하고 있다. 한화솔루션은 신재생 에너지(태양광 셀&모듈) 사업을 함께 영위하고 있다. SKC는 2차 전지 소재 사업에 진출했고, 롯데케미칼은 수소 에너지 사업을 추진 중이다. 이외에도 많은 기업들이 고기능성 수지와 친환경 소재에 적극적으로 투자하고 있다.

석유 한 방울 나지 않는 국가에서 석유화학산업을 이만큼 발전시킨 역량이 있는 만큼 대한민국 석유화학 기업들은 앞으로의 위기 역시 잘 헤쳐 나갈 것으로 기대한다.

부록

플라스틱 용어 해설

수지 '나무의 지방'이란 뜻의 수지(레진, resin)에는 조물주가 만든 천연 수지와 인간이 만든 합성 수지(synthetic resin)가 있다. 열이나 압력으로 소성(塑性) 변형을 시켜 성형할 수 있는 천연 및 합성 고분자(高分子) 물질이다. 송진, 라텍스, 치클, 셸락 등의 천연 수지는 폴리에틸렌, PVC와 같은 합성 수지로 많이 대체되고 있다.

합성 수지 저분자인 모노머(단량체)를 중합해 고분자화한 것으로 분말이나 알갱이(또는 펠릿)의 형태이다. 이를 다루기 쉽도록 녹인 다음 열이나 압력을 가해 원하는 모양으로 만든 것이 바로 플라스틱이다. 이처럼 합성 수지는 원래 플라스틱을 만드는 재료를 뜻하는 말이었지만, 지금은 합성 수지, 플라스틱, 고분자를 모두 같은 의미로 사용하고 있다. 넓은 의미에서 합성 수지는 플라스틱, 합성 섬유, 합성 고무를 포함하기도 한다.

합성 고무 높은 탄성과 강성을 가진 합성 고분자 소재로서, 내마모성, 반발탄성, 기계적 특성이 우수하여 주로 타이어, 벨트, 신발 등에 활용되고 있다. 천연 고무의 성능에 상당하는 성질을 가진 범용고무인 스타이렌 뷰타다이엔 고무(SBR), 뷰타다이엔 고무(BR), 아이소프렌 고무(IR) 등이 개발되었다. 일반적으로 고무는 가황(또는 가교)에 의해서 고무탄성과 내약품성을 얻는다. 합성 고무는 높은 분자량을 필요로 하기에, 계면활성제(유화제)를 사용하여 물에서 고분자를 만드는 유화 중합(또는 에멀션 중합) 기술을 사용한다.

합성 섬유 자연이 만든 원면, 원모, 마, 견은 인간이 만든 합성 섬유인 나일론, 폴리에스터, 아크릴 섬유로 대체되고 있다. 중합 반응을 통해 만들어지는 고분자(또는 수지)를 가열 등을 통해 녹인 뒤, 가느다란 구멍으로부터 실타래처럼 압출시키고 굳혀서 실을 만들 수 있다. 가장 대표적인 것이 익히 알려진 나일론이다. 나일론 섬유는 매우 뛰어난 성질을 갖고 있다. 매우 가벼우면서도, 구부림이나 마찰에 대해서도 강하다. 그래서 나일론은 각종 직물과 어망, 타이어 코드 등을 비롯하여 공업 용도에까지 널리 쓰이고 있다.

고분자 고분자(중합체) 또는 폴리머(polymer)는 수지의 학술 용어로 '분자량이 매우 큰 유기 물질'을 말한다. 주로 탄소와 수소 기반의 탄화 수소를 중심으로 하는 공유 결합으로 이루어져 있다. 일반적으로 가볍고 유연하며, 전기적으로는 절연성이다. 대부분의 고분자 이름 앞에 붙는 'poly-'는 중합체라는 뜻이며, 작은 화학적 단위인 단량체(單量體, monomer)가 다수 결합하여 고분자가 형성된다. 천연계에서 만들어지는 실크, 셀룰로스, 양모, 생체 조직과 같은 천연 고분자와 석유에서 얻어지는 단량체에 부가 중합이나 축합 중합 등의 화학 반응을 일으켜 제조하는 합성 고분자로 구분한다. 또한, 고분자는 온도의 변화에 따라 고체-액체 변화를 무한정 할 수 있는 고분자로 규칙적인 구조를 가지는 결정성 고분자와 비결정성(=무정형) 고분자로 나뉜다. 결정성 고분자의 대표적인 예는 폴리에틸렌, 폴리프로필렌, PET이다. 비결정성 고분자의 대표적인 예로는 폴리스타이렌, 폴리메틸메타아크릴레이트가 있다.

고분자의 분자량 작고 가벼운 '저분자', 중간인 '올리고머' 그리고 크고 무거운 '고분자'의 분자량은 다르다. 일반적으로 고분자는 최소 10,000 이상의 분자량을 갖는다. 참고로 저분자인 물의 분자량은 18, 휘발유의 분자량은 100~160, 올리고당의 분자량은 300~1000 수준이다. 고분자인 폴리에틸렌 플라스틱은 3십만~백만의 분자량을 나타낸다. 분자량은 일반적으로 커지면 물성이 향상되지만, 용융 점도도 증가되기에 가공이 어려워지는 경향이 있다.

단일 고분자 중합체와 고분자 공중합체 고분자(폴리머, polymer)는 중합체라고도 칭한다. 호모(homo)은 '동질'을 뜻하는 그리스어에서 유래한 말로, 호모 폴리머(homopolymer)는 '단일 중합체'로 번역된다. 코(co)는 '함께'를 의미하는 라틴어에서 유래한 말로, 코폴리머(copolymer)는 '공중합체'로 번역된다. 광의의 고분자는 단량체가 2개 이상 연결된 중합체를 말한다.

고분자의 중합 원료인 단량체로부터 고분자를 만드는 과정을 중합(polymerization)이라고 한다. 천연 고분자이든 합성 고분자이든 이와 같은 중합 과정을 통해서 만들어진다. 고분자 중합의 대표적인 방법에는 부가 중합(addition polymerization), 축합 중합(condensation polymerization), 개환 중합(ring opening polymerization), 배위 중합(coordination poly-merization) 등이 있다. 인공 고분자 합성에서는 대부분 부가 중합과 축합 중합을 활용한다.

부가 중합 개시제에 의해 이중 결합 혹은 삼중 결합이 열리면서 단량체가 부가되어 고분자가 중합되는 반응이다. 쉽게 말해, 일정한 공간 안에 100명이 있을 때 기준을 잡고 그

뒤로 줄을 쭉 세우는 것과 비슷하다. 이때 기준점이 되는 물질이 개시제(initiator)이다. 부가 중합은 반응 속도가 매우 빠르고, 그 과정에서 엄청난 열이 발생한다. 따라서 열을 잘 제어하는 것이 중요하다.

축합 중합 서로 다른 관능기가 반응하여 고분자가 중합되는 반응이다. 남자 50명, 여자 50명이 있을 때, 남녀가 서로 손을 잡고 쌍을 이뤄 줄을 선 것과 비슷하다. 남녀가 손을 잡으면 긴장해서 손에 땀이 나듯이 축합 중합을 하면 부산물(by-product)이 함께 나온다. 축합 중합의 반응 속도는 부가 중합에 비해 느리다.

부가 고분자 부가형 고분자는 유기화학적으로 알켄이라고 정의하는 비닐(vinyl) 화합물을 단량체로 하여 만들어진다. 그래서 폴리비닐 화합물(polyvinyl compound)이라고도 불리며, PVAc, EVA, PVA, PVB, PVP, PVF, PTFE, ABS, SBR, NBR, BR, 기타 Acryl(PMMA 등)이 있다. 한편, 비닐 화합물을 올레핀(olefin)으로 칭하는 사람들이 더 많기에 부가 고분자를 폴리올레핀(polyolefin, PO)이라고도 한다.

축합 고분자 부산물(by-product)이 빠져나오면서 결합하는 화학 반응을 유기화학 분야에서는 축합 반응이라 하며 이를 이용하여 고분자를 만드는 과정을 축합 중합이라고 한다. 이와 같이 만들어지는 고분자가 축합 고분자(condensation polymer)이며, 나일론과 PET가 대표적이다.

고분자의 성형 고분자 수지를 우리가 원하는 모양으로 가공하여 플라스틱 성형품을 만들려면, 먼저 고분자를 용매에 녹여 고분자 용액을 만들거나 고분자를 가열해서 고분자 용융체를 만들어야 한다. 이러한 고분자 용융체나 고분자 용액은 흐르기에 원하는 틀에 넣고 굳히면 물건을 효과적으로 만들 수 있다. 현장에서는 수지에 충전제(充塡劑), 가소제, 안정제, 윤활제, 착색제 등 필요한 첨가제를 적당량 가하여 성형 재료를 만들고 사용한다. 고분자 재료를 플라스틱 제품으로 실용화하기 위해서 반드시 필요한 것은 모양을 만드는 성형가공 설계 기술이며, 이는 크게 사출 성형과 압출 성형으로 나뉘어 발전해 왔다.

사출 성형 완전한 모양의 금형 안에 성형 재료를 부어 식힌 다음 틀을 떼어내는 사출 성형(injection molding)은 특정한 형태, 즉 가구나 용기와 같이 모양이 정해져 있는 제품을 만들어낼 때 주로 쓰인다.

압출 성형 압출 성형(extrusion molding)은 성형 기계의 출구에 원하는 형태의 틀을 덧댄 뒤 열과 압력을 가해 제작하는 방법이다. 치약을 짤 때 계속 힘을 주면 일정한 모양으로 치약이 기다랗게 나오는 모습을 떠올려보면 된다. 때문에 압출 성형은 주로 파이프나 시트 등 형태를 지속하며 뽑아낸 뒤 임의대로 재단하여 쓰는 제품들을 만들 때 쓰인다.

플라스틱 성형수술을 영어로 plastic surgery라고 표현하듯이 플라스틱의 어원은 성형할 수 있다는 의미의 그리스어 *Plastikos*이다. 성형성이 뛰어난 소재이기에 필름, 섬유, 판, 튜브, 병, 상자 등과 같은 다양한 모양으로 사출, 캐스트, 압착 또는 압출 성형할 수 있다. 플라스틱은 그 성질에 따라 열가소성 플라스틱(thermoplastic)과 열경화성 플라스틱(thermoset)으로 나눌 수 있다.

열가소성 플라스틱과 열경화성 플라스틱 열가소성이란, 열을 가하면 녹거나 부드러워져 쉽게 변형되고, 식히면 다시 굳어지는 특성을 의미한다. 입 안에서는 부드럽지만 입 밖으로 꺼내면 다시 딱딱해지는 껌을 생각하면 이해가 쉽다. 열경화성이란, 물질에 가해지는 열이 어느 한계치를 넘을 경우 단단하게 굳어지고, 한번 굳어진 후에는 다시 열을 가해도 변형되지 않는 특성을 말한다. 삶은 계란을 식힌 다음, 다시 열을 가해도 날계란이 되지 않는 것과 비슷한 개념이다.

열가소성 플라스틱은 구조면에서 사슬 모양의 분자로 이루어져 있는 선상(線狀) 고분자이며, 폴리에틸렌, 폴리프로필렌, 폴리스타이렌, 폴리염화비닐, 폴리에스터, 나일론 등이 여기에 속한다. 열가소성 플라스틱은 열에 의해 연화 용융되고 냉각에 의해 고화하므로, 강재(鋼材)로 만든 금형에 재료를 넣고 가열 용융시키고 그 뒤 압력을 가하면서 금형을 냉각함으로써 성형품을 얻을 수 있다. 선형 고분자(linear polymer) 형태인 열가소성 플라스틱과 달리, 열경화성 플라스틱은 생성된 고분자가 그물망과 같은 견고한 3차원적 망상(network) 결합 구조를 형성한다. 열경화성 플라스틱에는 페놀 수지, 요소 수지, 멜라민 수지 등이 있다. 분말 또는 타블렛형의 열경화성 수지를 금형에 넣고 열과 압력을 가하면 화학 반응에 의해 굳어지기 시작하며, 적당한 시간이 지난 후 금형을 열어 성형품을 끄집어내어 제품을 만든다. 또한, 돌가루와 같은 충전제(filler)를 넣어 강인한 성형물을 만들 수도 있고, 고강도 섬유와 조합하여 섬유강화플라스틱(FRP)을 제조하는 데에도 사용된다.

플라스틱의 일반적 특성 플라스틱은 일반적으로 비중이 작아서 매우 가볍고, 착색이 자유롭다. 유리와 같은 투명 제품을 만들 수 있는가 하면, 각종 착색제를 넣어 선명한 색채를 부여할 수도 있다. 한편, 플라스틱은 전기 및 열의 절연성이 뛰어나다. 금속 재료와 비교하면 약품류, 수중 또는 해수 중에서 부식하지 않는 점도 특색 중의 하나이다. 또한 플라스틱은 자기윤활성이 풍부하므로 이러한 성질이 요구되는 베어링·톱니바퀴 등에 많이 활용된다.

플라스틱의 열적 특성 모든 플라스틱은 유리 전이 온도라고 하는 온도가 있어서 이 온도 이상에서는 고분자 사슬의 먼 거리 움직임이 일어날 수 있다. 한편, 결정 구조를 형성하는 결정화 온도, 그리고 규칙적인 결정 구조가 완전히 없어지고 액체상으로 변하는 용융 온도도 존재한다. 모든 열적 특성은 플라스틱의 고분자의 화학 구조에 따라 현저한 차이를 보인다. 한편, 플라스틱 소재의 실제 사용에서는 유리 전이 온도나 용융 온도보다 더 현실적인 온도가 많이 활용되는데, 이는 바로 열 변형 온도(heat distortion temperature)이다. 일반적으로 열변형 온도가 100도보다 낮으면 범용성 플라스틱, 이보다 높으면 고성능 또는 엔지니어링 플라스틱으로 분류한다.

플라스틱의 점탄성 플라스틱이 금속과 세라믹 등의 무기 재료와 크게 다른 특성으로 점탄성이 있다. 고분자 용융체나 고분자 용액은 일반적인 저분자 유체에서 보이는 점성 거동뿐만 아니라 탄성 거동까지 함께 나타나기에 점탄성 유체라 한다. 고분자량의 고분자 소재는 유리 전이 온도보다 높은 온도에서 탄성 고체와 점성 액체의 성질을 동시에 가지는데 변형의 크기나 속도에 따라 그 점탄성 성질이 변한다.

플라스틱의 기타 특성 플라스틱은 그 구조에 따라 각기 다른 특성을 갖는다. 그리고 보통 견딜 내(耐) 자를 써 그 특성을 표현한다. 중요한 기타 특성에는 내마모성, 치수안정성, 내화학성, 내후성, 내열성, 내노화성, 인장강도 등이 있다. 특히 내열성은 플라스틱 재료가 고온에 견디는 능력인데 내열성이 약하면 기능의 저하가 발생할 수도 있고, 더 나아가서는 재료가 열분해될 수도 있다. 플라스틱의 대표적인 단점이다. 그리고 내노화성은 시간의 흐름에 따라 재료가 얼마나 노화에 견디는지를 판단하는 척도이다. 노화로 인하여 재료의 기능 저하가 얼마나 발생하는지 판단하게 된다.

범용 플라스틱 사용 온도가 100℃ 이하이며 가성비가 좋은 보급형 플라스틱들을 범용 플라스틱(commodity plastic)이라고 한다. 전체 플라스틱 생산량에서 가장 많은 비중을 차지한다. 5대 범용 플라스틱은 폴리에틸렌(PE), 폴리프로필렌(PP), 아크릴 수지, 폴리염화비닐(PVC), 폴리스타이렌(PS)이다. 이중 폴리에틸렌과 폴리프로필렌은 값이 싸고 가공성이 우수하며 가볍고 보편적인 용도에 알맞은 특성을 가진다.

엔지니어링 플라스틱 '금속에 도전하는 플라스틱'으로 홍보하면서 그 역사가 시작되었던 엔지니어링 플라스틱(engineering plastic)은 사용 온도가 100℃ 이상~150℃ 이하인 플라스틱을 말한다. 금속, 세라믹과 대등한 기계적 물성과 내구성을 갖추고 있어 범용 플라스틱보다 부가가치가 높다. 범용 플라스틱에 비해 크게 우수한 고성능 플라스틱인 만큼 자동차 부품, 기계 부품, 전자부품과 같은 공업적 용도로 주로 사용되며, 플라스틱 지퍼, 스키 부츠와 같은 생활용품에도 쓰인다. 슈퍼 엔지니어링 플라스틱은 150℃ 이상의 온도에서도 연속 사용이 가능한다. 다만, 가격이 엔지니어링 플라스틱보다 2~10배 비싸 우주항공과 같은 특수 분야에서 주로 쓰이고 있다.

플라스틱의 원료, 중간품, 완제품 용어 정리

나프타 석유의 분별 증류를 통해 얻는 끓는점 35~220℃ 범위의 탄화수소 혼합물로 경질 나프타(끓는점 30~130도)와 중질 나프타(끓는점 130~220도)로 구분된다. NCC의 Feed로 사용되며, 6개의 기초 유분(에틸렌, 프로필렌, 뷰타다이엔, 벤젠, 톨루엔, 자일렌)을 만들 수 있다. 플라스틱의 최상위 조상이다.

에테인(C2) Carbon#(탄소수) 2의 파라핀계 탄화수소로 천연가스, 석유분해가스, 셰일가스 등에 포함되며 화학원료, 냉매, 연료 등으로 쓰인다. 미국에서는 ECC 공정에 의해서 에틸렌의 주원료로 쓰인다.

에틸렌(C2) 석유의 나프타 또는 경유를 열분해하거나 천연가스 및 셰일가스가 함유하고 있는 에테인을 열분해하여 제조한다. PE, EG, PVC, SM 등 에틸렌 계열 제품의 원료로서 대표적인 석유화학 기초 유분이다.

프로필렌(C3) 나프타의 열분해시 에틸렌과 병산되며, 정유의 중질유 분해공정(RFCC)의 접촉 개질로도 휘발유와 함께 병산된다. 한편, 최근에는 프로판의 탈수소에 의해서도 제조된다. PP, AN, PG, EPR(또는 EPDM), 옥탄올 등 프로필렌 계열 제품의 원료로서 대표적인 기초 유분이다.

뷰타다이엔(C4) 나프타 열분해에서 부생되는 C4 유분을 추출, 정제 공정에 의해서 분리하면 뷰타다이엔을 얻을 수 있다. SBR, NBR, BR 등 합성 고무와 ABS, 뷰탄다이올의 원료이다.

벤젠(C6) 나프타의 열분해시 에틸렌과 병산되기도 하지만, 나프타의 접촉 개질(reformate naphtha)에 의해서 주로 제조된다. SM, CPLM(나일론 원료), AB(알킬벤젠), 의약품/농약, 각종 정밀화학 제품의 원료이다.

톨루엔(C7) 나프타의 열분해 또는 접촉 개질에 의해서 벤젠, 자일렌 등과 함께 병산되며, 향료, 화약, TDI(폴리우레탄 원료), 사카린 등의 원료이다. 흔히 '신나'로 불리는 용제(solvent)이기도 하다.

자일렌(C8) 벤젠 및 톨루엔과 함께 나프타 개질유로부터 병산된다. 오쏘-, 메타-, 파라-자일렌 3종의 혼합물로 합성된다. 혼합물 형태의 자일렌에서 분리, 정제된 PX(파라자일렌)는 TPA(테레프탈산) 및 DMT의 원료가 된다. 한편, OX(오쏘자일렌)는 PA(무수프탈산), MX(메타자일렌)는 PIA(이소프탈산)의 원료이다.

이염화에틸렌(EDC) 석유화학에서는 중간체로 불리우며, 에틸렌과 염소(Cl2)로부터 제조된다. 대부분 VCM(PVC의 원료)의 제조에 사용된다.

염화비닐단량체(VCM) EDC의 열분해(HCl 또는 염산 제거 반응)에 의해 제조되며, 대부분 PVC의 제조에 사용된다.

스타이렌 모노머(SM) 석유화학에서는 중간체로 불리우며, 벤젠과 에틸렌으로부터 합성한 에틸벤젠(EB)의 탈수소 반응에 의해서 제조된다. PS, SBR, ABS, 각종 도료의 원료이다.

프로필렌옥사이드(PO) 프로필렌과 염소의 반응, 또는 프로필렌을 과초산이나 에틸벤젠의 과산화물로 직접 산화하여 제조된다. PG(프로필렌글리콜) 및 PPG(폴리프로필렌글리콜)의 원료이다. 이렇게 합성된 PPG는 폴리우레탄, 계면활성제, 브레이크유, 부동액, 알키드 수지의 핵심 성분이 된다.

아크릴로나이트릴(AN) 프로필렌을 암모니아 존재하에서 산화시켜 제조한다. 아크릴 섬유(PAN), SAN 및 ABS 수지, NBR 고무, 탄소섬유(CF) 등의 원료이다.

카프로락탐(CPLM) 벤젠을 환원시킨 사이클로헥세인(CH)을 공기 중에서 산화하여 사이클로헥산온을 만들고, 이를 암모니아와 반응시키면 카프로락탐이 된다. 나일론 6 섬유 및 합성 수지의 원료로 의복, 타이어코드, 어망, 카펫 등의 형태로 사용된다.

테레프탈산(TPA) 파라자일렌(PX)을 산화하여 제조되며, EG와 함께 사용되어 축합 중합하면 폴리에스터(PET)를 얻게 되고 이는 폴리에스터 섬유, 보틀(페트병), 필름, 타이어코드 가공의 원료가 된다. TPA를 메탄올과 반응시키면 다이메틸테레프탈레이트(DMT)가 얻어지며, TPA와 동일하게 PET 등의 제조에 사용된다.

에틸렌글리콜(EG) 에틸렌을 산화시켜 얻은 산화에틸렌(EO)을 물과 반응시켜 제조한다. 자동차 부동액의 원료이기도 하지만 TPA(또는 DMT)와 함께 축합 중합되어 PET 제조에 쓰인다.

카본블랙(CB) 석탄 또는 석유(중질유)를 불완전 연소시켜 제조된 흑색 분말이며, 타이어와 같은 고무의 보강제, 벨트/전선/자동차 와이퍼 등의 보강제 또는 착색제로 사용된다.

톨루엔다이이아이소사이아네이트(TDI) 톨루엔을 원료로 하는 DNT를 환원하면 TDA를 얻게 되고 이를 포스젠과 반응시키면 TDI가 제조된다. TDI는 PPG와 같이 중합되어 연질 폴리우레탄폼(flexible PU foam) 또는 페인트/접착제/실란트의 원료가 된다.

메틸렌다이페닐아이소사이아네이트(MDI) 벤젠을 원료로 만들어지는 아닐린(aniline)을 포르말린(formaldehyde)과 반응시켜 축합 반응을 한 후 포스젠과 반응시켜 제조한다. MDI는 PPG와 같이 중합되어 경질 폴리우레탄폼(rigid PU foam, 건축용/냉장고용 단열제 용도) 또는 자동차 범퍼(RIM)/합성피혁/스판덱스의 원료가 된다.

무수프탈산(PA) OX(오쏘자일렌)를 산화시켜 제조하며, 각종 가소제(DBP, DOP, DEHP, DINP 등) 및 불포화에스터 수지, 염·안료 중간체 등의 원료이다.

무수말레산(MA) 벤젠의 직접 산화 또는 C4유분 중의 뷰테인(또는 뷰타다이엔)의 산화 반응에 의해서 제조되며, 불포화폴리에스터 수지, PVC 안정제, 도료, 가소제 등의 원료이다.

페놀 프로필렌과 벤젠을 반응시켜 큐멘(cumene)을 얻고 연속적인 산화, 분해 반응을 거치면 아세톤 부산물과 함께 페놀(phenol)이 제조된다(큐멘 프로세스). 페놀은 페놀 수지(노볼락 및 레졸계), 비스페놀 A(폴리카보네이트 및 에폭시 수지의 핵심 원료), PCB, 산화방지제, 방부제, 농약, 안정제 등의 원료에 쓰인다.

아세톤 큐멘 공정에 의해서 페놀과 함께 병산, 제조되는 아세톤(acetone)은 페인트의 용제, 왁스, 락커, 고무 등에 사용된다.

옥탄올 프로필렌에 일산화탄소와 수소를 반응(Hydroformylation, Oxo 공정)시킨 후, 연속적인 알돌 축합 반응 그리고 수소화 반응에 의해서 제조된다. 옥탄올(octanol)은 2-ethyl hexanol 또는 2-EH 등으로도 나타낸다. 주로 PVC 가소제인 DEHP 원료로 사용되고, 기타 합성 윤활제, 계면활성제의 원료에 쓰인다.

뷰탄올 프로필렌의 Oxo 공정에서 옥탄올과 함께 병산, 제조된다. PVC 가소제인 DBP, 뷰틸아크릴레이트, 용제 등의 원료로 쓰인다.

에탄올 천연 곡물을 발효시키는 방법과 에틸렌을 물과 반응시키는 합성 방법으로 제조된다. 합성 에탄올은 화장품, 향료 등의 원료이며 용제로도 쓰인다.

아세트알데하이드 에틸렌을 직접 산화하여 제조되며, 초산, 초산에스터, 펜타에리스리톨 등의 원료로 쓰인다.

초산(아세트산) 메탄올과 일산화탄소의 carbonylation 반응에 의해 제조되며, TPA와 VAM(vinyl acetate monomer, 초산비닐) 합성에 주로 쓰인다.

초산에틸 에탄올과 초산의 에스터 반응에 의해 제조된다. 도료, 인쇄잉크, 접착제 등의 원료이며 용제로도 사용된다.

저밀도 폴리에틸렌(LDPE) 에틸렌을 중합하여 제조한 밀도 0.91~0.94 범위의 열가소성 합성 수지이다. 결정화도가 낮아 투명성, 유연성, 가공성이 우수하여 농업용 및 포장용 필름, 전선 피복, 각종 랩 등의 원료가 된다.

고밀도 폴리에틸렌(HDPE) 에틸렌을 중합하여 제조한 밀도 0.94 이상의 열가소성 합성 수지이다. 결정화도가 높아 강도는 우수하나 유연성과 가공성은 저하되며 일회용 쇼핑백, 노끈, 각종 용기, 컨테이너, 파이프 등의 원료가 된다.

폴리프로필렌(PP) 프로필렌을 중합하여 제조한 열가소성 합성 수지이다. 인장, 충격 및 표면 강도가 우수하고 내열, 내약품성이 좋아서 포대용 백, 필름, 섬유, 자동차 및 전기전자부품, 컨테이너, 일용품 등에 폭넓게 사용된다.

폴리스타이렌(PS) 스타이렌 모노머(SM)를 중합하여 제조한 열가소성 합성 수지로 일반용(general purpose PS, GPPS), 내충격성(high impact PS, HIPS), 발포성(expanded PS, EPS)으로 나눌 수 있다. 가전 제품의 케이스 및 부품, 유제품 용기, 발포 단열제, 발포 포장제, 충격 완충제 등의 원료이다.

ABS 아크릴로나이트릴(AN), 뷰타다이엔(BD), 스타이렌 모노머(SM) 3개를 삼원 공중합(terpolymerization)하여 제조된 옅은 아이보리색의 합성 수지이다. 착색이 용이하고 우수한 표면 광택, 기계적 특성, 전기적 특성과 내약품성으로 가정용, 사무용 전자 제품의 외장재 및 자동차의 부품, 잡화로 활용된다.

폴리염화비닐(PVC) VCM의 중합으로 얻어지는 합성 수지로 유연성이 요구되는 용도에서는 가소제(plasticizer)와 함께 사용된다. 내약품성, 난연성 및 절기절연성은 양호하나 내열과 내광성은 떨어지며 바닥재, 창틀, 파이프 등의 건자재, 산업용 필름 및 인조피혁의 원료이다.

스타이렌 뷰타다이엔 고무(SBR) 스타이렌(SM)과 뷰타다이엔(BD)을 공중합하여 만들어지는 대표적인 합성 고무로 천연 고무 대비 내마모성, 내노화성, 내열성이 우수하다. 천연 고무 및 카본블랙과 함께 자동차 타이어의 제조에 사용된다.

뷰타다이엔 고무(BR) 뷰타다이엔(BD)을 중합하여 얻어지는 합성 고무로 탄성 및 내한성이 우수하여 타이어, 튜브 등 고무 제품 및 합성 수지의 충격 개량제로 사용된다.

석유 수지 나프타 분해 시 생산되는 분해 잔사(NCB)를 기반으로 만들어지는 열가소성 수지이다. C5계, C9계, C5 & C9공중합계, DCPD계 및 Water white계 등 다양한 종류가 있으며 페인트, 잉크 및 접착제 등의 원료이다.

국내외 대표적인 플라스틱 회사

엑손 모빌(Exxon Mobil Corp)

엑손 모빌은 미국의 다국적 석유 및 가스 회사로, 존 D. 록펠러의 스탠다드오일사의 가장 큰 직계 후손이다. 1999년 11월 30일 엑손(Exxon)과 모빌(Mobil)의 합병으로 설립되었다. 이 회사는 업스트림, 다운스트림, 화학 부문으로 나뉘어 운영된다. 원유, 천연가스, 연료 및 윤활유 등 석유 및 석유 화학 외 기타 특수 제품을 제조, 무역, 운송 및 판매하고 있으며, 올레핀, 폴리올레핀, 방향족 및 기타 다양한 석유화학 제품 역시 제조 및 판매한다. 탄소, 수소 및 바이오 연료의 포집 및 저장에 이르기까지 화학 전 부문에 걸쳐 사업을 수행하는 세계적 석유기업이면서 종합 화학기업이다. 화학 제품, 인공 고무, 플라스틱, 석유화학 제품 및 석유제품 등을 생산하고 있다.

바스프(BASF)

바스프는 세계 최대의 화학 회사로, 1865년 독일에서 염료 제조업체로 설립되었다. 이후 1912년 프리츠 하버와 칼 보쉬가 '하버-보쉬' 공정을 발명하면서 합성 암모니아 생산 분야의 선구자가 되었다. 제2차 세계대전 이후 전쟁범죄에 연루되어 해산되었다가 1952년 재설립되었다. 80개국에서 사업을 운영하고 있으며, 약 11만 명의 직원을 고용하고 있다. 바스프는 화학, 플라스틱, 성능 화학, 촉매, 코팅, 농작물 기술, 원유 및 천연가스 탐사 및 생산등을 주요 사업으로 수행하고 있다. 특히, 산업용 화학제품, 범용 및 산업용 플라스틱, 카본블랙, 건축용 고무, 색소, 농업용 화학제품, 생명과학 제품 등 넓은 스펙트럼의 제품군을 보유하고 있다.

시노펙(Sinopec)

시노펙은 중국 석유 화학 공사(China Petroleum & Chemical Corporation)의 약자로 2000년에 설립된 중국 최대의 석유화학 기업이다. 석유와 가스의 탐사, 개발, 정제, 운송, 저장, 판매 및 화학제품의 제조와 판매를 주요 사업으로 하고 있다. 중국 내외에서 30여 개의 자회사와 합작사를 운영하고 있으며, 전 세계 80여 개 국가와 지역에서 사업을 확장하고 있다. 시노펙의 주요 제품은 가솔린, 디젤, 항공연료, 윤활유, LPG, LNG, 에테인, 프로필렌, 벤젠, 톨루엔, 스타이렌, 에틸렌글리콜 등의 석유 및 가스 제품과 폴리에틸렌, 폴리프로필렌, 폴리스타이렌, ABS 수지 등의 화학제품이다. 또한 화학 부문에서는 기타 플라스틱, 인공 섬유, 촉매, 플라스틱 필름 등 다양한 화학제품을 제조하고 있다.

다우(Dow)

미국 다우는 1897년에 설립된 화학기업으로 2017년 9월, Dow Chemical Company와 E. I. du Pont de Nemours and Company(듀폰)가 합병을 완료하여 세계 최대의 화학 제조 회사 중 하나가 되었다. 그리고 2019년 4월, 다우듀폰이 다시 다우, 듀폰 및 Corteva의 세 개의 회사로 분리되었다. 다우는 화학소재, 듀폰은 특수화학, Corteva는 농업화학에 비중을 두고 있다. 다우는 다양한 산업 분야에서 사용되는 수천 가지 제품을 생산한다. 폴리올레핀, 폴리우레탄, 엘라스토머, 플라스틱 수지, 고성능 소재, 산업용 화학제품, 건축용 고무, 카본블랙, 농업용 화학제품, 생명과학 제품, 전자제품용 소재 등이 제품군에 포함된다. 이 제품들은 자동차, 건설, 전자 제품, 의약품, 농업 등 다양한 산업 분야에서 사용된다. 다우는 2020년 기준으로 전 세계 109개 국가에서 사업을 운영하고 있다. 국내에도 지사를 보유하고 있다.

사빅(SABIC)

사빅은 사우디아라비아의 국유 화학기업으로, 사우디아라비아기초산업공사(Saudi Basic Industries Corporation)의 약자이다. 자국의 풍부한 석유와 천연가스 원료를 바탕으로 세계에서 가장 큰 통합 화학제품 제조업체 중 하나가 되었다. 1976년 사우디아라비아 정부의 주도로 설립되었고, 2007년에는 GE Plastics를 인수하여 Sabic Innovative Plastics를 설립하였다. 2016년에는 Shell과의 합작사인 SADAF를 완전히 인수한다. 현재는 아람코(Aramco)가 지분의 70프로를 보유하고 있다. 사빅은 현재 50여 개국에서 사업을 수행하며 에틸렌, 프로필렌, 벤젠, 뷰타다이엔, 메탄올 등의 석유화학 제품, 폴리카보네이트, 폴리에틸렌 테레프탈레이트, 폴리에틸렌 나프탈레이트, 폴리에틸렌, 폴리프로필렌, 엔지니어링 플라스틱, 엘라스토머, 기능성 폴리올레핀 등의 폴리머부터 우레아, 아민산염, 황산암모늄 등의 비료까지 다양한 포트폴리오를 보유하고 있다.

LG화학

LG화학은 1947년 설립된 한국 최대의 종합화학기업으로, 석유화학, 고분자소재, 나노소재, 바이오사이언스 등 다양한 분야에서 혁신적인 제품과 솔루션을 제공하고 있다. 한국 최초로 합성세제를 개발했고, ABS 수지 또한 한국 최초로 생산하였다. 주요 제품으로는 에틸렌, 프로필렌, 뷰타다이엔, 스타이렌 모노머, BPA 등의 기초 석유화학 제품과 폴리에틸렌, 폴리프로필렌, ABS, PVC 수지 등의 고분자 제품이 있다. 또한, 나프타-프로필렌-아크릴산으로 이어지는 일괄 체계를 갖춘 국내 최대의 아크릴산 제조사로 이를 바탕으로 SAP를 생산한다. 석유화학(76%), 첨단소재(13%), 생명과학(5%) 사업을 영위하고 있으며, 자회사인 LG에너지솔루션을 통해 배터리(EV/ESS) 사업도 진행 중이다.

롯데케미칼

1976년 설립된 종합화학기업으로 기초소재와 첨단소재 사업을 영위하고 있다. 기초소재 사업은 나프타, LPG 등의 원료를 활용하여 기초 유분과 모노머, 폴리머(PE와 PP 등) 등의 제품을 제조, 판매한다. 첨단소재사업은 SM, AN, BD, MMA, BPA 등의 원료를 활용하여 ABS, PC, 건자재 등의 제품을 제조, 판매하고 있다.

SK이노베이션

1962년 국내 최초 정유회사 대한석유공사(훗날 유공)로 출범하였다. 2011년 SK이노베이션으로 사명을 변경한 후 8개의 주요 자회사(SK에너지, SK지오센트릭[구SK종합화학], SK엔무브[구SK루브리컨츠], SK인천석유화학, SK트레이딩 인터내셔널, SK아이이테크놀로지, SK온, SK어스온)를 두고 있는 지주회사이다. 석유 탐사 및 개발부터 플라스틱을 포함하는 석유화학 제품 생산에 이르는 수직계열화로 석유·화학 사업의 밸류 체인을 구축하고 있다. 이외에도 윤활유, 배터리, 석유 개발 등의 사업을 수행한다.

SK지오센트릭

사업부문은 기초유화사업과 화학소재사업으로 구분하고 있다. 기초유화사업은 나프타 등을 원료로 하여 에틸렌, 프로필렌 등의 올레핀계 제품과 벤젠, 톨루엔, 자일렌 등의 방향족 제품을 생산하는 기초 소재사업으로, 이를 원료로 합성 수지, 합성 고무, 합성 섬유 등의 화학제품을 생산한다. 화학소재사업은 기초 유분을 원료로 하여 고기능성 포장재 소재, 자동차 경량화 소재 등의 고부가 화학제품을 생산한다.

한화토탈

2003년 삼성종합화학과 프랑스 Total Holdings UK Limited가 합작으로 삼성토탈이 설립되었으며 2014년 한화종합화학이 삼성종합화학의 주식을 매입하여 한화토탈이 되었다. 사업 영역은 콘덴세이트와 나프타 등을 원료로 하여 에틸렌·프로필렌·스타이렌 모노머·에틸렌옥사이드·에틸렌글리콜·파라자일렌 등을 생산하는 화성부문, 휘발유·항공유·경유·용제 등을 생산하는 에너지부문, 고밀도폴리에틸렌·저밀도폴리에틸렌·선형저밀도폴리에틸렌·EVA·폴리프로필렌·복합수지 등을 생산하는 수지부문으로 이루어져 있다.

대한유화

기초 유분에서 합성 수지까지 수직 계열화된 생산시설을 보유하고 있는 종합 화학 기업이다. 에틸렌, 프로필렌, C4 유분, BD, BTX와 같은 기초 유분을 바탕으로 PP와 HDPE를 생산한다. 또한 EO와 EG도 생산한다.

여천 NCC

나프타를 열분해하여 석유화학 기초원료를 생산하는 NCC(naphtha cracking center) 업체로, 에틸렌을 비롯하여 프로필렌, 벤젠, 톨루엔, 자일렌, 스타이렌 단량체, 뷰타다이엔 등 각종 석유화학산업의 기초원료를 생산하여 국내외 시장에 공급하고 있다.

금호석유화학

1976년 설립되었으며, 세계 최대 생산 능력을 보유한 합성 고무 사업을 중심으로 합성 수지, 정밀화학 사업을 영위하고 있다. 합성 고무 사업 부문에서는 SBR, BR, NBR, LATEX 등을, 합성 수지 사업 부문에서는 PS, ABS, EPS, PPG 등을, 정밀화학 사업 부문에서는 노화방지제, 가황촉진제, 페인트 첨가제 등을 생산한다. 종속회사인 금호피앤비화학을 통해 페놀과 BPA 등도 생산한다.

한화솔루션

1965년 설립된 한국화성공업을 전신으로 하는 화학기업이다. 석유화학부문에는 PE, PVC, CA, TDI 제품 등을 생산 및 판매하고 있다. 셀과 모듈 등의 태양광 제품을 담당하는 태양광 부문, 자동차 부품, 산업용 소재, 전자소재, 태양광 소재 등을 담당하는 가공부문, 의류/잡화/화장품/주류 등의 상품 매출을 담당하는 유통부문, 부동산 사업을 담당하는 건설업 부문이 있다. 에틸렌(여천NCC) → EDC → VCM → PVC로 이어지는 수직계열화를 통해 경쟁력을 확보하고 있다.

국도화학

국내 1위의 에폭시 수지 생산 기업이다. 매출의 대부분이 에폭시 수지에서 나오며, 폴리우레탄의 원료인 폴리올 수지도 생산한다. 에폭시 수지는 토목·건축, 선박용, 공업용, 자동차 전착도료용, 전기전자용, 복합소재용 등 다양한 분야에서 폭넓게 사용된다.

HDC현대EP

1988년 현대산업개발 유화사업부에서 시작해 2000년 계열회사로 분사되었다. 주요제품으로는 폴리프로필렌에 충진제 및 다양한 첨가제를 혼합하여 여러 가지 특성을 부여한 PP COMPOUND, 폴리에틸렌을 바탕으로 제조하는 PE COMPOUND, 엔지니어링 플라스틱을 기초로 특수 첨가물을 투입하여 제조하는 EP COMPOUND, 폴리스타이렌과 이를 발포하여 만든 EPS, 각종 건자재가 있다.

율촌화학

농심의 계열사로 핵심역량인 코팅기술을 바탕으로 식품 포장 사업과 전자소재 사업을 영위하고 있다. 식품 포장 부문에서는 폴리프로필렌을 주 원료로 사용해 생활 전반에 널리 쓰이는 여러 포장재를 만든다. 주변에서 볼 수 있는 농심 제품들의 포장재(연포장)를 생각하면 이해가 쉽다. 연포장 이외에도 점착제 제조과정에서 사용되는 이형 필름을 제조한다.

KPX케미칼

폴리우레탄의 원료가 되는 폴리프로필렌글리콜(PPG)을 생산한다. PPG는 자동차용 시트, 가구, 가전제품용 단열재, LNG선 보냉재, 건축용 자재 등 다양한 산업의 원료에 사용되고 있다. 국내 최초로 우레탄 산업의 기초소재를 공급했으며, 현재 아시아 최대 폴리에터폴리올 단일 플랜트를 갖추고 있다. 생산 능력 기준으로 국내 선두권에 위치해 있다. EO 부가물 제품은 자회사인 그린케미칼에서 생산된다.

코오롱 플라스틱

국내 유일의 엔지니어링 플라스틱 전문 기업이다. 5대 엔지니어링 플라스틱 중 POM, PA6/66, PBT를 비롯해 슈퍼 엔지니어링 플라스틱인 PPS와 복합소재에 이르기까지 다양한 엔지니어링 플라스틱을 생산한다. 사업부문은 크게 POM과 엔지니어링 플라스틱의 Base에 특정 첨가제를 혼합하여 물성을 향상시키는 Compound로 나뉘며 PA, PBT를 중심으로 PEL, PET 등 다양한 소재를 생산한다.

삼양그룹

식품사업과 화학사업을 영위하고 있다. 화학 부문의 주요 제품으로는 엔지니어링 플라스틱, 이온 교환 수지, 정보전자소재 등이 있다. 엔지니어링 플라스틱은 PC, PBT, TPEE, M-PET 등의 엔지니어링 플라스틱 제품과 이를 베이스로 한 각종 컴파운드 제품을 생산한다. 이온 교환 수지는 수처리 및 특정 물질 분리·정제 용도로 사용되며 반도체, 식품, 의약, 촉매 등으로 그 응용 범위가 점차 확대되고 있다. 정보전자소재로는 디스플레이와 반도체의 미세 패턴 공정에 사용되는 광개시제(Photoinitiator)를 생산한다.

PI 첨단소재

코오롱인더스트리와 SKC가 합작한 SKC코오롱PI가 전신이다. 슈퍼 엔지니어링 플라스틱인 폴리이미드(polyimide, PI) 필름을 생산한다. 국내 유일의 PI 필름 제조사이며, 세계 시장 점유율 1위를 차지하고 있다. PI 필름은 연성회로기판(FPCB)의 소재로 주로 쓰이며, 이 외에도 방열 시트, 이차 전지, 디스플레이 및 각종 첨단 산업으로 사용처가 확대되고 있다.

SKC

화학산업과 이차 전지 소재사업, 반도체 소재/부품 사업을 영위하고 있다. 주력 제품은 프로필렌 옥사이드(PO)이며, PO는 폴리우레탄의 원료인 폴리올(PPG), 약품/식품 및 화장품 등의 원료로 사용되는 프로필렌글리콜(PG), 수용성 용제인 프로필렌글리콜에테(propylene glycol ether, PGE)의 기초 원료로 사용된다.

SK케미칼

화학사업과 제약·바이오 사업(Life Science Biz)을 영위하고 있다. 이중 화학사업의 매출 비중이 압도적으로 높다. 화학부문에서는 고부가가치 화학 소재를 생산한다. 주력제품으로는 고기능성 코폴리에스터(Copolyester) 수지, DMT, Copolyester 접착제가 있다. 환경호르몬 물질인 비스페놀 A(BPA)를 사용하지 않은 Copolyester는 우수한 물리적 성능, 내화학성과 투명성을 바탕으로 각종 포장재부터 가전제품, 건설자재에 이르기까지 광범위한 용도로 활용되고 있다.

효성화학

국내 1위의 나일론 필름 사업자이며, 엔지니어링 플라스틱인 폴리케톤을 세계 최초로 상용화하였다. 특수 가스인 NF_3는 반도체, 디스플레이 공정에서, 자체 개발한 TAC 필름은 LCD 편광판 제조 공정에서 사용한다. 그 밖에 폴리프로필렌, 고순도 TPA, PET 필름 등을 생산한다.

효성티앤씨

2018년 효성의 섬유/무역 사업 부문을 인적 분할하여 신설된 회사로 섬유 부문의 매출이 41.6%이다. 스판덱스, 폴리에스터 원사, 나일론 원사, PTMG 등을 생산하며 스판덱스(상품명 Creora)의 경우, 글로벌 1위에 랭크되어 있다.

휴비스

폴리에스터 단섬유(staple fiber, SF), 장섬유(filament yarn, FY), 폴리에스터 칩 등을 주로 생산한다. 휴비스는 생산 능력 기준으로 국내 단섬유 시장에서 약 52%의 점유율을, 장섬유 시장에서 약 14%의 점유율을 차지하고 있다. 이외에도 슈퍼 섬유인 메타 아라미드(meta aramid), PPS(polyphenylene sulfide) 등을 생산한다.

태광산업

석유화학 사업과 섬유/직물 사업을 영위하고 있다. 석유화학 부문에서는 폴리에스터 섬유, PET병 및 PET 필름의 기초 원료로 사용되는 PTA와 아크릴 섬유, ABS, 합성 수지 등의 주원료인 AN을 주로 생산한다. 섬유/직물 부문에서는 아크릴, 나일론, 스판덱스 등의 합성 섬유, 다양한 혼방사, 산업용 보강재로 사용되는 파라아라미드 섬유 등을 생산하고 있다.

카프로

나일론의 원료로 사용되는 카프로락탐을 생산한다. 국내 유일의 카프로락탐 제조사이며, 국내 수요의 약 35%를 공급하고 있다.

효성첨단소재

1968년 국내 최초로 타이어 코드를 생산하였으며, 산업용 섬유를 주로 생산한다. 주요 제품으로는 타이어의 물리적 특성을 향상시켜주는 타이어 코드와 자동차 안전 벨트와 에어백 그 외 일반 산업현장에서 광범위하게 사용되는 산업용 원사(PET, Nylon), 자동차 차체 바닥에 장착되는 카페트, 총알도 뚫지 못하는 강도와 난연성으로 방탄복, 방탄헬멧, 보호장갑, 광케이블에 사용되는 슈퍼 섬유인 아라미드, 무게는 철의 1/4에 불과하지만 10배의 강도, 7배의 탄성을 가지고 있는 탄소 섬유가 있다.

코오롱인더스트리

산업 소재, 화학 소재, 필름/전자재료, 패션 사업을 영위하고 있다. 산업 소재부문에서는 자동차 안전 벨트, 소방호스, 내절창성 장갑 등에 쓰이는 산업 용사, 방탄복, 보호복, 광케이블, 타이어코드 등에 쓰이는 아라미드를 생산한다. 화학 소재 부문에서는 도료, 타이어, 테이프, 무독성 접착제 등의 재료로 사용되는 석유 수지, 페놀 수지, 에폭시 수지 등을, 필름/전자재료 부문에서는 다양한 산업군에 적용 가능한 기능성 필름을 생산한다. 1957년 국내 최초로 나일론을 생산하였으며, 아라미드 국내 1위, 석유 수지 세계 2위에 랭크되어 있다.

롯데정밀화학

1964년 설립된 정밀화학 회사이다. 사업 부분은 크게 케미칼과 그린소재로 나뉜다. 케미칼 사업 부문에서는 에폭시의 원료로 사용되는 ECH, 계면활성제 및 섬유 등 각종 화학제품의 기초 원료가 되는 가성소다, 비료의 주원료인 암모니아, 디젤 엔진에서 배출되는 질소 산화물을 줄여주는 촉매 환원제 용액 요소수, 반도체 현상액의 핵심 원료인 TMAC을 생산한다. TMAC은 글로벌 점유율 1위, 국내 최대 규모의 저장 설비를 보유한 암모니아는 동북아 유통 취급 1위, ECH와 요소수는 국내 점유율 1위에 랭크되어 있다. 그린소재 사업 부문에서는 시멘트 물성 향상제 메셀로스와 페인트 물성 향상제 헤셀로스, 의약용 캡슐 코팅 소재 애니코드, 식품의 질감을 향상시키는 첨가제 애니애디를 생산한다.

애경케미컬

1970년 설립된 삼경화성을 모태로 한 애경유화㈜가 2021년 애경 그룹의 화학 계열사인 애경화학과 AK켐텍을 합병하면서 신설된 종합화학 기업이다. 사업 분야는 가소제, 합성 수지, 생활과학, 바이오&에너지이다. 가소제 부문에서는 가소제와 무수프탈산(PA), 윤활기유를 생산한다. PA의 경우 국내 1위의 사업자이다. 합성 수지 부문에서는 복합소재용 수지, 코팅용 수지, 점-점착제, 경화제, PU 등을 생산하며 생활과학 부문에서는 계면활성제, 정제 글리세린 등을 생산한다.

화학으로 읽는
플라스틱 연대기

저　　자　배진영·라병호
발 행 인　김지영
발 행 처　자유아카데미
주　　소　경기도 파주시 회동길 37-42
파주출판도시
전　　화　031-955-1321
팩　　스　031-955-1322
홈페이지　www.freeaca.com
전자우편　main@freeaca.com(대표)
editor@freeaca.com(편집)
crm@freeaca.com(영업)
등　　록　제406-2003-017호, 1980. 7. 12
제1판1쇄　2025년 4월 25일 발행

ISBN 979-11-5808-707-4 93430